Electronics Manufacturing Services

EMS
ビジネス革命

グローバル製造企業への戦略シナリオ

原田 保──編

日科技連

まえがき

　さて，時代はいよいよ21世紀を迎えたが，わが国の経済は相変わらず混迷の一途である．このような閉塞状況を突破すべく，企業経営においては従来型の戦略とはいささか異なる対応が不可欠になってきた．そこで，昨今では遅ればせながら，わが国にとってもIT革命をトリガーにした企業革新や事業創造が盛んに試みられている．そして，このような時代の流れの中において，特に注目されているのがビジネスモデルの有効性であり，またグローバルスタンダードの確立であった．

　そこで，われわれは，わが日本において最も貢献度が高いと考えられている製造業におけるグローバル競争力を飛躍的に増大させ，また同時に他産業への好循環を現出させるであろうと想定されるビジネスモデルについて，まさに経営戦略論の視点に立脚した提言を試みることとした．これこそが，じつは近年のソレクトロンの日本への上陸以来，そしてわがソニーのEMSへの参入宣言以来，巷間にわかに話題となったエレクトロニクス業界におけるエレクトロニクス マニュファクチャリング サービス，すなわちEMSといわれるビジネスモデルなのである．

　そこで，われわれは，これをたんにエレクトロニクス業界固有のビジネスモデルとしてではなく，他の製造業一般，さらにはサービス産業にまで広く適用できるビジネスモデルとして捉えることで，個別産業のみならず，同時に産業構造全体を21世紀型に転換させうる戦略トリガーとして位置づけることに挑戦を行なった．だからこそ，われわれは，本著においてEMSについて，いわゆるエレクトロニクス マニュファクチャリング サービスとしてではなく，エクセレント マニュファクチャリング サービス，エンタープライズ マニュファクチャリング サービス，エグゾースト マニュファクチャリング サービスというよう

に，その概念を拡大することで行使できる多大な影響力について言及したわけである．

　昨今，ソレクトロンに代表されるEMS企業が，自らが製造することにこだわりを持つ日本の製造業といかに調和的に展開させうるかが，まさに議論の焦点になっている．しかしながら，このような議論はじつは大きな誤解に基づいた議論と考えられる．それは，このEMSは，従来から議論されているアウトソーシングやOEMとはまったく異なり，たんに製造戦略の枠組みのなかで議論すべきものではないからである．言い換えれば，われわれのいうEMSについては，製造戦略の視点から捉えるのではなく，むしろグローバルな戦略的アライアンスや企業の再構築を目的としたM&Aまで含めた戦略的リストラクチャリングの視点から議論されるべきなのである．

　したがって，わが国の製造業においては，このEMSに対する戦略的アプローチについては2つの側面から行なわれることが期待される．それは，具体的には，第1がいかに企業自体のグローバル競争力の獲得に向けた組織再編を行なうか，第2がいかに製造におけるベストプラクティスを獲得するか，というアプローチである．前者については，主に製造業のサービス産業化と顧客起点からのソリューションビジネスの展開，後者については，主に圧倒的な強みを保持した製造企業の確立についての議論である．そうなると，EMSに対するわが国製造業の行なうべき対応については，第1は優れたグローバルEMSと戦略的アライアンスを確立すること，第2は自らの工場をグローバルEMSへと進化させること，が想定できる．

　以上のように，われわれは，EMSを日本の産業社会を再建させうる救世主であると確信することで，その内外における多様な実態とそれらへの戦略的解釈の枠組みについて多面的な考察を重ねてきた．そして，これらの成果が，じつは本著の『EMSビジネス革命』に明確に収斂されている．そのため，より多くの経営者や戦略スタッフにおいては，われわれが提言した次世代型の製造業のビジネスモデルとしてのEMSについて深い理解を持つと同時に，自らがEMSに対して果敢に挑戦することを期待してやまない．

そのため，本著『EMSビジネス革命』では，まず序章の「EMS革命の衝撃的登場」，第1章の「経営革命としてのEMS」，第2章の「ビジネスモデルとしてのEMS」において，EMSをビジネスモデルから捉えた戦略理論の提示が行なわれている．そして，続いて，第3章の「海外のEMS企業」，第4章の「国内のEMS企業」，第5章の「中小企業のEMS戦略」において，内外先進企業の事例についての考察が行なわれている．そして，さらに，第6章の「EMS企業のM＆A戦略」，第7章の「EMSの品質管理戦略」において，EMSにおける戦略的特徴について掘り下げた分析が行なわれている．

さて，本著『EMSビジネス革命』については，原田 保(香川大学)が主催するEMS研究会における議論の積み重ねの結果を踏まえて上梓されたものである．なお，この研究会のメンバーについては，編者の原田のほかに，山崎康夫(技術コンサルタント)，山本尚利(SRIアトミック・タンジェリン)，深山隆明(リンク総研)，古賀広志(流通科学大学)を含めた総勢5名によって編成されている．また，約半年というきわめて短期間で本著を上梓できたのは，日科技連出版社の出版部部長山口忠夫氏の支援と助言に負うところが大きい．このことを記すことで，著者一同からの山口氏への深い謝意に替えさせていただくこととしたい．

 2001年4月末日

原 田 　 保

目　次

まえがき ……………………………………………………………………… iii

序章　EMS革命の衝撃的登場 ………………………………………… 1
0.1　エレクトロニクス産業から生まれたEMS ……………………… 1
　0.1.1　ソレクトロンショック　2
　0.1.2　グローバルEMSへの進化　5
　0.1.3　アセンブラーからプロデューサーへ　6
0.2　グローバル競争時代に向けた経営戦略革命 …………………… 9
　0.2.1　進化するEMS革命　10
　0.2.2　バーチャルサプライチェーン企業　12
　0.2.3　製造業の組織革新と企業再編　14
　0.2.4　EMSビジネス革命の行方　17

第Ⅰ部　EMSのもつ意義と本質
どんな視点が大切なのか？

第1章　経営革命としてのEMS ……………………………………… 23
1.1　エンタープライズマニュファクチャリング革命 ……………… 23
　1.1.1　垂直分離を越えて　23
　1.1.2　アウトソーシングを越えて　25
　1.1.3　サプライチェーンマネジメントを越えて　28
　1.1.4　戦略コンテキストとしてのEMS　30
1.2　EMS革命の戦略的意義 ……………………………………………… 31
　1.2.1　EMS戦略に対する分析視覚　31
　1.2.2　市場ポジショニング視覚からみたEMS戦略の意義　32

1.2.3　資源ベース視覚からみたEMS戦略の意義　34
　　1.2.4　EMSの戦略的意義　36
　1.3　主役に躍り出たEMS企業 …………………………………………… 38
　　1.3.1　下請的存在を越えたEMS企業　39
　　1.3.2　EMS企業における戦略対応　40
　　1.3.3　EMS企業におけるプロデュース戦略　42
　　1.3.4　EMS企業におけるバリューハブ戦略　44
　1.4　進化するEMS企業の推進力 …………………………………………… 45
　　1.4.1　依存関係ダイナミックスの実現を目指すEMS企業　46
　　1.4.2　ベストプラクティスによる能力深化　46
　　1.4.3　アライアンスによる能力増大　47
　　1.4.4　グローバルネットワークによる能力支援　49

第2章　ビジネスモデルとしてのEMS …………………………………… 55

　2.1　EMS登場の契機 ………………………………………………………… 55
　　2.1.1　米国製造業の再生　56
　　2.1.2　プロフィットゾーンの選択　57
　　2.1.3　EMSにおけるバリューシステム　58
　2.2　ビジネスモデルとしてのEMS ………………………………………… 59
　　2.2.1　ビジネスモデルとは　60
　　2.2.2　EMSの位置づけ　61
　　2.2.3　EMSにおけるサプライチェーンの進化　66
　2.3　5つのEMS型ビジネスモデル ………………………………………… 67
　　2.3.1　EMS型ビジネスモデルの類型　68
　　2.3.2　ポータル型ビジネスモデル　69
　　2.3.3　サプライ型ビジネスモデル　71
　　2.3.4　デマンド型ビジネスモデル　72
　　2.3.5　コラボレーション型ビジネスモデル　74
　　2.3.6　ダイレクト型ビジネスモデル　76
　2.4　未来のEMS型ビジネスモデル ………………………………………… 78

    2.4.1 先進EMS企業におけるERP導入　79
    2.4.2 戦略プロデューサー登場の期待　81
    2.4.3 プロデュース型ビジネスモデル　82

第Ⅱ部　EMS企業の成功事例
先進企業はどうしているのか？

第3章　海外のEMS企業 …………………………………………… 89
3.1　米国のコンピュータメーカーのビジネスモデル変遷 ………… 89
    3.1.1 伝統的ビジネスモデル　89
    3.1.2 インターネット時代の対等分業体制　92
3.2　米国製造業におけるニュービジネスモデルの台頭 …………… 94
    3.2.1 ソレクトロン型ビジネスモデルの出現　94
    3.2.2 ソレクトロンとデルのビジネスモデル比較　97
3.3　ソレクトロン事例研究 ……………………………………………… 100
    3.3.1 ソレクトロンの企業データシート　101
    3.3.2 ソレクトロンの事業内容　101
    3.3.3 ソレクトロンの企業歴史　102
    3.3.4 ソレクトロンの企業戦略　102
    3.3.5 ソレクトロンのSCM戦略分析　104
    3.3.6 ソレクトロンの買収戦略　107
    3.3.7 ソレクトロン事例研究の日本企業への教訓　109
3.4　デル・コンピュータ事例研究 …………………………………… 111
    3.4.1 デル・コンピュータの企業データシート　111
    3.4.2 デル・コンピュータの事業内容　112
    3.4.3 デル・コンピュータの企業歴史　112
    3.4.4 デル・コンピュータの企業戦略　113
    3.4.5 デル・コンピュータのSCM戦略　115
    3.4.6 デルとソレクトロンの共通性と相違性　117
    3.4.7 デル・コンピュータの成功要因　119
3.5　その他の海外EMS企業 ……………………………………………… 120

        3.5.1　SCIシステムズ　　120

        3.5.2　セレスティカ　　121

        3.5.3　フレクストロニクス　　122

        3.5.4　ジェイビル・サーキット　　123

        3.5.5　サンミナ　　124

第4章　国内のEMS企業　……………………………………………… 127

　4.1　日本の優良EMS企業の事業戦略平面展開 ……………………… 127

　4.2　ソニーのEMS事例研究 …………………………………………… 132

        4.2.1　ソニーの事業戦略平面展開　　132

        4.2.2　ソニーの事業戦略立体展開　　135

        4.2.3　ソニーのEMS戦略　　139

　4.3　外資EMS参入の日本製造業へのインパクト ………………… 143

        4.3.1　日本工場外資化の課題　　143

        4.3.2　日本の地方における企業文化の変化　　145

        4.3.3　外資EMSの日本での受注活動　　148

　4.4　松下電器グループの事例研究 …………………………………… 150

        4.4.1　松下電器の「超・製造業」コンセプト　　150

        4.4.2　松下電器グループの意識改革は成功するか　　153

　4.5　日立製作所の事例研究 …………………………………………… 155

        4.5.1　日立製作所の事業再編戦略　　155

        4.5.2　日立製作所のEMS戦略　　157

　4.6　日本型EMSの登場 ………………………………………………… 159

        4.6.1　キョウデンのEMS戦略　　160

        4.6.2　加賀電子のEMS戦略　　161

        4.6.3　横河電機のEMS戦略　　162

第5章　中小企業のEMS戦略 ………………………………………… 165

　5.1　中小企業の立場からみたEMS …………………………………… 165

5.2 中小企業のグローバル戦略 ………………………………… 167
　5.2.1 グローバルEMSとの戦略的パートナーシップ　168
　5.2.2 棲み分けをどう図るか　169
　5.2.3 国内製造業拠点発のグローバル対応体制　173
5.3 コラボレーションとしてのEMS ……………………………… 174
　5.3.1 大田区製造業集積にみるコラボレーション型EMS　175
　5.3.2 大田ブランドによる「世界の母なる工場群」を目指して　180
5.4 日本の中小製造業の新たな可能性はどこにあるのか ………… 180
　5.4.1 日本の中小製造業の強さの秘密　181
　5.4.2 産業コミュニティのポテンシャル　182
　5.4.3 大田区中小企業集積地域の強さの核心はなにか　184
　5.4.4 中小製造業の新たな可能性　185
5.5 中小企業のEMS戦略の展望 ………………………………… 187

第Ⅲ部　EMS企業のコアコンピタンス
どこに優位性を見出せるのか？

第6章　EMS企業のM＆A戦略 ……………………………… 193
6.1 EMS企業のM＆A戦略の背景 ……………………………… 193
　6.1.1 生産外注化の歴史　193
　6.1.2 EMS企業のM＆A戦略の特徴　195
　6.1.3 EMS世界市場の成長　196
　6.1.4 シリコンバレーのネットワーク分業体制　198
　6.1.5 IT製造業における日米企業文化の違い　199
6.2 M＆A戦略動向 ……………………………………………… 202
　6.2.1 M＆A戦略の一般的動向　202
　6.2.2 EMS企業にM＆A戦略波及　204
6.3 M＆A戦略事例研究 ………………………………………… 206
　6.3.1 M＆A戦略成功企業：シスコシステムズ　206
　6.3.2 M＆A戦略企業シスコシステムズの成功要因　208

  6.3.3　Ｍ＆Ａ戦略企業マイクロンとEMS企業の比較研究　　211
  6.3.4　Ｍ＆Ａ戦略企業マイクロンの成功要因　　215

第7章　EMSの品質管理戦略　　221
 7.1　EMSの品質管理戦略　　221
  7.1.1　EMS企業の品質管理ソリューション　　222
  7.1.2　米国EMS企業の日本的品質管理導入　　223
  7.1.3　EMS企業のグローバルクオリティ戦略　　225
  7.1.4　EMS品質管理とプロセスモデル　　226
 7.2　生産性向上とリードタイム短縮　　229
  7.2.1　5Sに取り組むEMS企業　　230
  7.2.2　標準化による生産性向上　　231
  7.2.3　リードタイム短縮を目指すEMS企業　　232
 7.3　EMS企業のワークショップ戦略　　234
  7.3.1　EMS企業のワークショップ制　　234
  7.3.2　KOAのワークショップ制　　236
 7.4　ナカヨ通信機の品質管理戦略　　237
  7.4.1　EMS企業への挑戦　　238
  7.4.2　EMSの流れ　　239
  7.4.3　ナカヨ通信機の品質管理体制　　241
 7.5　未来の品質管理戦略　　241
  7.5.1　シックスシグマとは　　242
  7.5.2　EMS企業によるシックスシグマ　　244
  7.5.3　GE社とソニーのシックスシグマ挑戦　　246
  7.5.4　品質管理のベストプラクティス戦略　　247

索　　引　　251
編・著者紹介　　256

序章

EMS革命の衝撃的登場

原田 保,古賀広志

0.1 エレクトロニクス産業から生まれたEMS

　2000年7月26日,製造立国日本における新たな挑戦の幕が開いた.ソニーが「ソニーEMCS AV/IT(仮称)」の設立を発表したのだ.この日を契機に,わが国において,EMS(Electronics Manufacturing Services:エレクトロニクス マニュファクチャリング サービス)という考え方が広く認識されることになった.

　改めて言うまでもなく,ソニーは,わが国において最もグローバルな競争力を保持している世界有数のリーディングカンパニーである.そのソニーが,これまでのビジネスモデルから大きく脱却し,次世代型というべき新たなビジネスモデルを実現すべく果敢に挑戦していくことを表明したのである.重要な点は,製造業がグローバル企業として生き抜いていくためには,「脱マニュファクチャリング戦略」と「深マニュファクチャリング戦略」を同時に追求するビジネスモデルが不可欠になってきた,ことにある.

　そこで,本著『EMSビジネス革命』では,このような問題意識に立脚することにより,EMSを「グローバル競争を勝ち抜くための企業再編や事業創造のコンテキスト」として捉えている.そのために,以下で展開される論説では,EMSを,文字通りのエレクトロニクス業界における製造サービスではなく,より広がりを持った戦略コンテキスト,すなわちエクセレント マニュファクチャリング ストラテジー(Excellent Manufacturing Strategy),あるいはエンター

プライズ マニュファクチャリング サービス(Enterprise Manufacturing Service)ともいうべきコンテキストとして議論している.

このような観点から,本著『EMSビジネス革命』は,グローバル製造企業に対する戦略シナリオの提言という性質をもつわけである.そこで,3つの視点から提言を行なっていきたい.具体的には,第Ⅰ部では「EMSのもつ意義と本質——どんな視点が大切なのか?」,第Ⅱ部では「EMS企業の成功事例——先進企業はどうしているのか?」,第Ⅲ部では「EMS企業のコアコンピタンス——どこに優位性を見出せるのか?」について述べていく.これらの論説を通じて,グローバル時代の新しいビジネスモデルを確立し,これによる製造革新を実現可能とする方策を示していく.なお,わが国の製造業が,もしもわれわれの海図に従うならば,結果として,激しいグローバル競争において必ずや生き残っていけることを確信してやまない.

0.1.1 ソレクトロンショック

さて,ソニーにEMS戦略の採用を踏み切らせたトリガーは,米国の著名なEMS企業であるソレクトロンの躍進に見出せる.

ソレクトロンは,平均して毎年45%も売上高を伸ばしている急成長の製造企業である.同社の成功の鍵は,先端企業の工場を買収し生産に特化した企業戦略を貫いていることにある.そして,驚くべきことに,ソレクトロンの手法は,従来のアメリカ的なものではなく,むしろ日本的文化というべき思考様式に立脚したものである.だからこそ,ソレクトロンと日本の製造業の間で高い親和性が見られている.言い換えれば,同社は,わが国企業が指向すべき目標としては極めて適切な存在なのである.

もちろん,ソニーがソレクトロンの戦略に準じるというわけではない.ソニーでは,一方において自らがEMS企業に製造を委託すると同時に,他方でEMS企業を戦略的に育成するという姿勢が貫かれている.このような相違が見られるとはいえ,米国EMS企業が,わが国の製造業に抜本的革新へ向けた戦略的な

行動を促したことは重要である．とりわけ，ソレクトロンがそのシンボル的な役割を担っているといえる．

ソレクトロンには自社ブランドで販売されるエレクトロニクス製品は存在していない．しかしながら，ソレクトロンでは世界の著名なエレクトロニクスメーカーの製品を多数製造している．アライアンスの相手は，IBMやシスコシステムズやNCRといった米国企業のみならず，三菱電機などわが国の著名企業が名を連ねている．事実，三菱電機など数社がすでにソレクトロンに工場を売却し，バーチャルマニュファクチャリングを展開している(川島ほか，2000.10.16)．

このようなバーチャルマニュファクチャリングの背後には，インターネットなどの技術革新が見え隠れしている．しかし，重要なことは，ソレクトロンと製造企業の間において，じつに臨機応変な生産システムが確立されている点である．それゆえ，両者には見事なまでにアライアンスが効果的に展開されている．

例えば，IBMやノーテルでは，ソレクトロンの工場をあたかも自社工場のように利用することが可能であるという(川島ほか，前掲)．このことは，先進的ITを活用したバーチャルマニュファクチャリングシステムに，高度な信頼関係の確立をともなわせることで，じつに多大な経営効果が実現できることを示唆している．

それでは，ソレクトロンの戦略が一体なぜ日本的な思考様式に立脚しているといえるのだろうか．それは，ソレクトロンの会長のコウ・ニシムラが日系二世であることと深く関わっている．事実，彼が実行してきたことは，日本企業のお家芸といえる品質改善運動の積極的展開である．絶えざる革新を追求してきた結果，ソレクトロンでは，マルコム・ボルドリッジ賞を2度も獲得している．さらに，ニシムラ会長がIBMから初期のソレクトロンへ転職したことから，彼の戦略思考は日系であることや前職のIBMでの経験からの影響を指摘されることが多い．

さて，徹底した品質改善への取り組み．これがソレクトロンの成功の鍵である．言い換えれば，アフターM＆Aの取り組みが勝因であるといえる．それは，

たんに工場を買収するだけでなく，買収後の品質改善運動を根づかせ徹底することにより，ソレクトロンが持続的競争優位を実現したことを意味している．

ところで，一般に指摘されるように，買収企業と被買収企業の間で文化的な摩擦が生じ，結果的にM＆Aがうまく機能しないことが多い．ところが，ソレクトロンにおいては，多くの工場を買収によって入手しているにもかかわらず，アフターマージャー問題はほとんど見られないという．むしろ，買収後にはマニュファクチャリングサービスのクオリティを向上させているという．その鍵は，買収後に経営品質への徹底した追求姿勢を定着させていることにある．工場の存在意義にまで遡って考えた場合，いかなる企業文化であれ，よい品質の実現こそが普遍的な価値をもつ．そして，このような基本に忠実な態度を組織に定着させてきたことが，ソレクトロン成功の秘訣といえる．言い換えれば，経営品質の向上につながる要因を積極的に吸収し続けてきたことが，同社の持続的競争における優位性の源泉なのである．このことは，別の視点から見れば，ソレクトロンが，買収を重ねれば重ねるほど各社のベストプラクティスが自社に蓄積していくシステムを確立していることを示している．かくて，ソレクトロンは，規模の拡大に伴い品質の向上，スピードアップ，コスト削減，サービスの向上が実現するという好循環を実現しているわけである（川島ほか，2000.10.16）．

さて，ソニーがもたらしたEMS記念日を一つの契機に，わが国の製造業界における戦略思考の枠組みの中に，ソレクトロンが衝撃的に登場してきた．その結果，わが国の企業がまさに色めき立っているといえる．しかしながら，じつはEMS企業とは，それほど新しい企業形態なのではない．むしろ，米国では古くから存在してきた企業形態といえる．したがって，ソレクトロンのようなEMS戦略をとる企業は多数存在しているのである．しかも，現在では，多くのEMS企業は，買収先の企業を米国内に限定せず，グローバルに行動するようになっている．言い換えれば，今やグローバルEMSによる熾烈な競争戦略が展開されている．このことは，今後，ソレクトロンのみならず，多くのグローバルEMS企業が続々とわが国の企業から工場を買収する，あるいは生産を委託するケー

スが増大していくことを示している．

0.1.2　グローバルEMSへの進化

　それでは，なぜEMSについて真剣に考えなければならないのか，どうしてソニーのようなエクセレントなグローバル企業がEMSに取り組んでいるのかについて理解を深めることにする．それは，EMSの登場は製造のグローバル化が現出した構造的な産業再編であり，またリソースの戦略的なアンバウンダリングを意味するきわめて戦略的な課題だからである．したがって，EMSは，たんなる製造機能のアウトソーサーでなく，さらに工場の独立を意味するものでもないということに留意する必要がある．

　このような考え方にしたがえば，マニュファクチャリングサービスを提供するEMS企業が辿ってきた発展の軌跡については，戦略的な観点から捉え直すことができる．結論を先に急げば，EMS化が製造のグローバル化への対応から現出したため，EMS企業は委託企業以上にグローバルな競争力において優位性を保持することが不可欠な条件になる．したがって，今後におけるEMS企業の進化方向には，その形態の多様性は残されているものの，グローバルな存在価値が見出される，あるいはグローバルな企業価値を見出せる，といえる．

　このようなグローバルEMSは，業界ではメガEMSと呼ばれており，現時点ではほとんどが米国の企業である．このことは，今後のグローバルな製造戦略において，米国が世界で最も優位な位置にいることを意味している．この限りにおいて，日本企業の課題は，そのようなメガEMSと戦略的にアライアンスをどのように組めるのか，あるいは先発メガEMSに対等に勝負できる日本資本のメガ企業をいかに構築できるのか，にある．

　現在では，メガEMSの大手5社はすべて米国資本の企業である．しかも，それ以外の企業もほとんどが米国資本によって占められている．これは，EMS企業が発展すればするほど，米国がグローバルな製造市場において益々その支配力を増大させることを意味している．このことは，とりわけ製造立国を標榜し

てきたわが国にとって，まさに国家的な課題として認識されるべきものである．だからこそ，ソニーにおける戦略転換は，わが国の製造業のイノベーションにとっては極めて重要な役割を担っているといえる．

さて，今や主要EMS企業は，北米のみならず広くヨーロッパ，そしてアジアへと文字通りグローバルな増殖を続けている．これは，EMSの工場立地がいよいよ世界中に広がりを見せ始めたことを意味している．そして，とくに顧客メーカーとの行き来が容易で市場にも近い場所，低賃金かつ良質の労働力が確保できる場所にこのEMS企業は集積し始めている．これは，いわゆるグローバルEMSエリアの誕生である．具体的には，北米のシリコンバレー，ダラス，グアダラハラ，アジアの深圳，シンガポール，ペナン，ヨーロッパではハンガリーを中心とした東欧各国，などを指摘できる．

このような状況を鑑みれば，わが国製造業の拠点は，ますますアジア各国を中心としてEMSエリアを中心とする日本以外の地域に移転していくことが予見される．このことは，言い換えれば，垂直構造型製造戦略の追求による製造立国の実現という戦後一貫して展開されてきた産業政策の抜本的な再考を余儀なくされることを意味している．

そこで，期待される戦略が前述したソニーのEMCS戦略なのである．それゆえ，同社の幸田工場が世界に冠たるソレクトロンと伍して戦えるEMS企業へと進化できるかどうか，が問われている．また，同社の菅野二二夫社長がコウ・ニシムラ会長に比して遜色のない経営者として成長することが期待されている．また，これらの課題は常に先進的な発想で次々と新たな戦略を繰り出すソニーの出井会長の双肩にかかっている．このような状況を考えると，わが国の製造業界においては現時点では，やはりソニーに対する期待が大きくならざるをえない情況にあるといえる．

0.1.3 アセンブラーからプロデューサーへ

メガEMSは，さらにメーカーより強い製造業としての地位を確立し，規模に

おいてもメーカーを完全に凌駕する段階に進展することが予測される.そこでは,当然ながら,担うべき機能が大きく変化することになる.それはすなわち,従来のたんなる製品アセンブラーから世界の製造戦略全体のイニシアチブを持った製造プロデューサーへの役割の進化である.

このとき,戦略プロデューサーの役割を担うためには,質,量ともに一流のベストプラクティスを実現可能とする仕組みが不可欠となる.これは,言い換えれば,実行システムを内蔵したグローバル企業だけが,プロデューサーの役割を担うことができることを示している(図0-1).

しかしながら,製造プロデューサーをめぐる競争は熾烈を極めている.実際に,製造活動の地球規模での全体最適化,高生産性の実現,部品等の設計におけるモジュール化—統合化のバランス,俊敏かつ柔軟性に富むグローバル工場

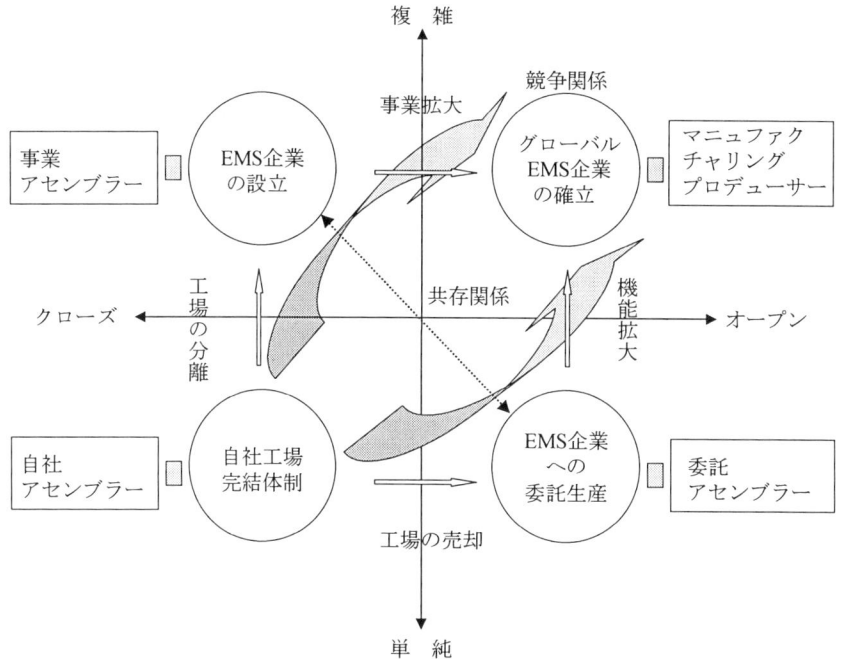

図0-1　EMS戦略の高度化:　アセンブラーからプロデューサーへ

ネットワークの確立など，まさに課題が山積みである．さらに，グローバルスタンダードの潮流により，プロデューサー間の競争はますます厳しさを激しくしている．そのために，メガEMSから進化できるグローバルEMS企業は，地球全体でたった5，6社になるであろうことは想像に難くない．すなわち製造プロデューサーの世界では，寡占状態の確立が予見されるのである．もちろん，このことは，小規模かつローカルなニッチEMSの存在を否定するものではなく，あくまでも進化したグローバルEMSの数の限界を指摘しているにすぎない．

さて，EMS企業は，グローバル化や製品の広がりに対応すべく，徹底したM＆A戦略を推進している．それにより，新たなノウハウやスキルがEMS企業にもたらされ，自然とベストプラクティスが獲得・形成されることになる．すなわち，EMS企業においては，M＆A戦略はベストプラクティスを進化させるための方法論とみなされている．だからこそ，EMS企業は，メーカーの自社工場とは比較にならないほどの高い生産性を実現することができ，同時にマニュファクチャリングサービスという業態を確立できたのである．

だからこそ，EMS企業の登場はメーカー戦略の転換を誘発することになる．これはすなわち，モノづくりを天賦とするメーカーがサービス産業化するという戦略転換である．そして，このような戦略の転換が，EMS企業への製造活動の委託の推進力となっている．製造活動において優位性を確立しているグローバルメーカーにおいて，自社工場を工場企業化させるという戦略の転換も見受けられる．それは，製品ごとに生産の仕組みを最適ミックスしていこうという戦略的な再編を意図する動きなのである．そして，このような傾向は次第に強まりつつある．なお，後者の戦略の転換がソニーに代表されるEMCS戦略であり，言い換えれば自社にEMS企業を設立しようというアプローチである．

なお現時点では，独立系の専業EMS企業と自社のEMS企業との間には戦略的な棲み分けができている．そして両者の間には戦略的な共存関係が成立しているため，EMS戦略の課題はともに自らのEMSクオリティの高度化を指向することができる．そのため，絶対的な品質の向上が追求されるのである．

しかしながら，もしも既存のメーカーが自社系EMS企業の育成に成功したな

らば，新たな競争情況が現出することになる．それは，グローバルEMS化にともなう相対的品質競争である．この段階では，独立系専業EMS企業とメーカー系EMS企業がともにグローバル競争という熾烈な競争の渦中にいるために，両者の戦略的な棲み分けは解消されている．

この限りにおいて，ソニーが指向する両面戦略，すなわちEMS企業の戦略的活用とEMS企業の設立という同時戦略は，米国型メガEMSに対するおおいなる挑戦であるといえる．このような試みは，グローバルスタンダードを背景としたEMSが勝つか，グローバルブランドを背景とするEMSが勝つか，という命題として捉えられる．

ところで，プロデューサー型に進化した段階では，EMSは，たんにアセンブル活動を中核にマニュファクチャリングサービスを提供する存在ではなく，世界の製造戦略をグローバルな観点からプロデュースする存在に進化していると考えられる．われわれは，その段階を「グローバル マニュファクチャリング プロデューサー（GMP）」と呼ぶことにする．

GMPを支える基盤は，世界中の多様なリソースを競争力のあるブランドへと仕立てあげていくためのアライアンス型バリューチェーンである．それは，タプスコットらの表現を借りれば，eビジネスコミュニティ（ないしB-Web）である（Tapscptt et al., 2000）．イメージ的に言えば，チェーンではなく，コンステレーション（星座）のほうが近いかもしれない．いずれにせよ，スポーツの世界のオールスターないしドリームチームと呼ばれるベストネットワークの形成が不可欠となる．なお，このようなバーチャルなネットワークをいかに形成するかが今後の製造業における競争戦略の要諦となる．

0.2 グローバル競争時代に向けた経営戦略革命

EMSの成立には，製造業の存在のあり方を根本的に転換させる可能性を秘めている．伝統的な考え方にしたがえば，製造業とは，生産を行なう，すなわちマニュファクチャリング機能を中核において組織化された企業組織である．し

かし，EMS企業では，生産機能を外部化するため，製造業そのものの定義を根幹から揺るがすことになる．

もちろん，このようなファブレスカンパニーは以前からも多数存在してきた．しかしながら，そこでは，グローバルな大企業が生産計画のイニシアチブを持ちながら，あるいはブランドアイデンティティを製品クオリティにおきながら，生産機能を外部化するという考え方が展開されたわけではない．むしろ，逆に，そのような考え方は不適切なものとして捉えられてきたといえる．

昨今，先端かつ高等技術の開発速度の加速化，それら最新技術の生産体制への取り込みの迅速化と活用能力の高度化など，製造業をめぐる環境がますます厳しさを増大したために，製造業においては，従来のような設計から製造そして販売に至る一連のプロセスをすべて自前で展開する一貫体制の維持は困難になっている．そして，このような課題を克服するものとして期待され登場した概念がEMSであると考えられる．事実，多くのグローバルなエレクトロニクス企業においても，EMSの戦略的な活用と自らのEMSへの積極的な参入が多数計画されている．

0.2.1 進化するEMS革命

前述したように，EMS企業は，自らの機能を順次拡大していき，GMPと呼ぶべきメガEMS業態の確立へ向けた努力を重ねている．他方，メーカーサイドにおいても，自らの製造機能のエクスパティーズを戦略的に活用すべく，特定領域における工場企業化を推進することにより，自社のブランド力を背景とするグローバルEMS企業の設立を意図している．

このように，現在ではメーカーとEMS企業との間には戦略的な棲み分けが実現しており，効果的なアライアンスによって両者の間にWin-Winの関係が確立しているといえる．しかしながら，今後においては，メーカーサイドの戦略とEMS企業の戦略の間でバッティングが生じるため，一方ではアライアンスを行ないながら，他方では熾烈な競争を行なうという，文字通り多面的な企業間関

係が現出されることが予見される．

　これは，メーカーとEMS企業の間で競争的協調が模索されることを意味する．すなわち，企業間関係マネジメントがメーカーの企業戦略において最も重要な課題となるのである．また，EMS企業においても，メーカーとの間で多様な契約関係が結ばれることとなり，フレキシブルで戦略的な対応力がEMS企業間の競争戦略において重要な条件になってくる．したがって，今後のグローバル競争は，第1にEMS企業間の競争，第2にメガメーカー間の競争，第3にメーカーとEMS企業間の競争，という3軸の競争関係が現出することとなる．

　第1の競争は，EMS企業間のグローバル競争である．具体的には，ソレクトロンとジェイビル・サーキットやフレクストロニクスなどの間での競争を指摘できる．EMS業界は近年寡占化が進められ，いよいよ最終の生き残りを賭けた段階へと競争情況の転換が行なわれている．すでに，上位5社で世界の4割のシェアを占めるまで合併が進展しており，今後の多様な形態での企業統合や工場売却の計画も報道されている．このようなEMS業界の動きは，売上高営業利益率と棚卸資産回転率に焦点をおく競争優位の獲得を意図するものである．

　第2の競争は，メガメーカー間のグローバル競争である．これは，いわば製造業の構造改革といえる．この競争関係は，日本メーカーのグローバル対応として最も期待されるものである．わが国においては，専業EMS企業がニッチ型EMSとしては成立しているけれども，それらがグローバルなメガEMSへと進化するとは考えにくい．むしろ，現実的には，ソニーによる触発によって，松下電器など大手エレクトロニクスメーカーがメガメーカーとしての地位を確立する動きに多大な期待が寄せられる．

　第3は，EMS企業とメガメーカーとのグローバル競争である．これは，特に日本のメーカーと米国のEMS企業との競争的協調関係を示唆している．もちろん，すべてのプレイヤーが同質的競争を展開するということは現実的ではない．しかし，それでも将来的には，ソニーとソレクトロンがライバルとして位置づけられる可能性は低くない．このような動向が実現されれば，エレクトニクス業界の産業構造転換と同時に，グローバル競争の構造転換が推進されることは

想像に難くない.

 このように,ソレクトロンがもたらしたEMS革命は,ソニーが本格的な参入を表明して以来,さらなる新しいフェーズに突入することとなった.そして,このようなEMS革命の進化によって,わが国製造業においても,淘汰される企業と飛躍する企業がそれぞれ鮮明になってくる.これは,ロバート・マートンが指摘したマタイ効果の実現である(Marton, 1968).だからこそ,ソニーに遅れまいと,松下電器,日立,日本電気などの大手エレクトロニクスメーカーがEMSへの戦略的対応に凌ぎを削っている.

0.2.2 バーチャルサプライチェーン企業

 本項ではまずEMS企業がどのような進化過程を辿ろうとしているのかについて考察を加えよう.前述のように,EMSとは文字通り解釈すれば,エレクトロニクス業界の戦略概念と捉えられる.しかし本項では,その概念的な広がりについて考察を深めることにする.したがって,ここではEMSを,エレクトロニクス業界のみならず,広く全産業レベルに適合可能な概念として捉えている.この限りにおいて,EMSの登場は,全産業レベルにおけるグローバルな構造を変革してしまうほどのインパクトのある革命として把握することができる.

 また,EMS企業は,たんなる製造のアウトソーシングやOEM(Original Equipment Manufacturing)の変形のような考え方として登場してきたことは否めない.しかし,今やEMSの戦略的ポジショニングは,そのような限定的な捉え方から脱却を余儀なくされるほど大きく進化している.その最大の特徴は,サービスを提供する方もされる方もポジティブな戦略として展開されている点に見出すことができる.

 このような観点に立脚して,EMS企業の発展の構図を描いてみると以下のようになる.なお,横軸については戦略の高度化方向が,縦軸については適用業界の拡大方向が,それぞれ明示されている(図0-2).

 図0-2の横軸については,アウトソーシングやOEMと同程度の位置づけに

序章　EMS革命の衝撃的登場

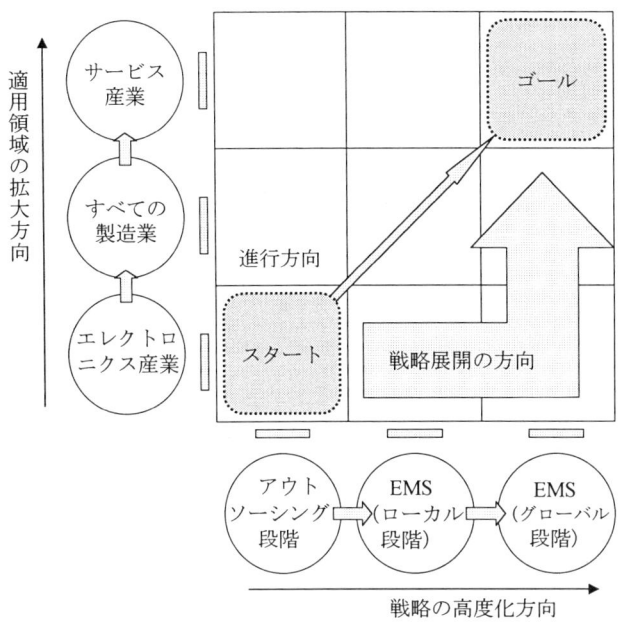

図0-2　EMS企業の段階的発展構図

あるEMSであり，これが次第に専業化ないしローカルEMSへと発展し，やがてはグローバル化に対応すべく，一方がメガEMS，他方がニッチEMSへと発展し，ついにはメガEMSがいわゆるグローバルEMSへと発展していくのである．現在，ソレクトロンに代表される米国のグローバルEMSは，わが国に続々と現地法人を設立しており，その発展の最終段階に進展していることが分かる．

　他方，縦軸は，EMSのビジネスモデルが業界横断的に進展することを示している．当初，エレクトロニクス業界の生産システムとしてスタートしたEMSのビジネスモデルが，スピードの経済の普遍化現象を通じて広く多くの産業においても適用可能になり，次第に全産業レベルにEMSのビジネスモデルが普及していくことを予見した分析軸である．もちろん，高次のEMSは，エレクトロニクス　マニュファクチャリング　サービスという意味ではなく，前述したようにエクセレント　マニュファクチャリング　ストラテジーや，さらにはエンタープライ

ズ マニュファクチャリング サービス(Enterprise Manufacturing Service)やエグゾースト マニュファクチャリング サービス(Exhaust Manufacturing Service)として認識されることが望ましい.

EMS企業の発展過程をこのような2軸で捕捉するならば，もはやEMSを製造のアウトソーサー，あるいは業務委託契約やアウトソーシングとして把握することは適切ではない．むしろ，われわれは，EMSをソニーに見られるようにトップ自らが関わり意思決定すべき大戦略として認識すべきだと主張したい．だからこそ，M＆Aを含めた企業の再編統合をも視野に入れた企業革新戦略として，EMSが期待されているのである．

このような観点に立脚すれば，現状のメガEMS企業は，すでに製造という範疇を超えた活動を行なっている段階であることが容易に理解できる．すなわち，そこでは，マニュファクチャリングのみならず，設計などソフト領域にまで業務範囲を拡大するEMS企業の姿を見ることができる．言い換えれば，EMSはもはや製造委託の域を完全に超えているのである．さらに最近では，製造委託からスタートしたEMSは，サプライチェーン全体の企画運営を委託されるなど，バーチャルサプライチェーンの提供者としての位置を確立している．

0.2.3 製造業の組織革新と企業再編

次いで，EMS時代の到来を踏まえて，エレクトロニクス業界のメガメーカーがどのような対応を行なおうとしているのかについて考察を加える．昨今の日本エレクトロニクスメーカーの戦略転換はきわめて刺激的である．それは，ソニーによって現出化されたものであるが，他方で，今なお日本のエレクトロニクス業界が健全であることを確認する契機となった．

さて，ソニーの製造戦略と，それに伴う企業再編について考察を深めてみる．ソニーでは，自社で行なったほうが価値創造の大きい領域については自社工場での製造を，価値創造の小さい領域についてはソレクトロンなどのEMS企業を利用しようという二面作戦が展開されている．しかしながら，ソニーがエクセ

レントと呼ばれる所以は，自社工場をEMCS企業として自立させ，それらをグローバルEMS企業として成長させることに挑戦している点である．

ソニーのEMCS戦略の意義は，ソニーブランドの保持するクオリティを背景としながら，ソニー全体を自社ブランドによるサービス企業とEMS企業群に再編しようという点にある．このことは，従来の一気通貫型ビジネス，すなわち商品ごとにデザインから製造そして販売に至るまでのプロセスを自社でまかなう縦型の自社完結組織戦略からの脱却を意味する．つまり，ソニーのEMCS戦略は，横型の機能別他社活用組織戦略と呼ぶべき新しいビジョンを追求する戦略転換を意味している（図0-3）．

したがって，ソニー本体では，いわゆる本社機能と販売機能の自社展開に専念し，製品設計と生産段階はEMS企業に委託するというバーチャルなビジネスモデルを確立させるという考え方が採用されている．言い換えれば，ソニーにおいては，ビジネスプロセスの真ん中に位置する製品設計や生産を担う機能として，外部のEMS企業と自社で設立するEMSが位置づけられている．実際に

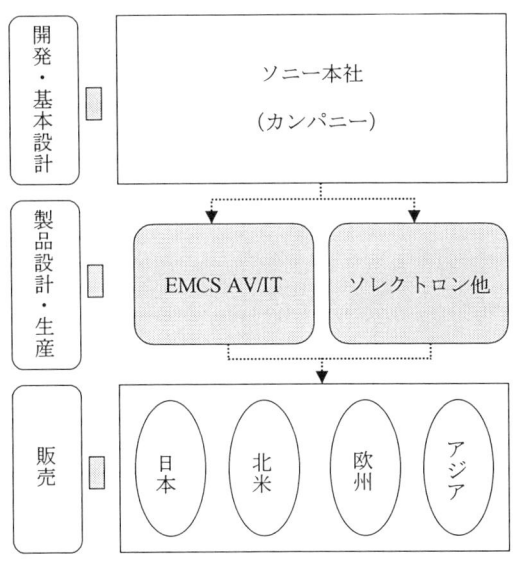

図0-3　ソニーにおける製造戦略の基本構図

は，このEMCS AV/ITの母体として期待されているのがソニー幸田工場である．

この幸田工場には，ソニーから独立宣言を謳うだけの優れた生産能力を保持している．このようなオペレーション能力をソニーの他の工場に伝播させ，工場企業として独り立ちできるようなEMS企業群を構築することが推進されている．それにより，現在の生産能力の過剰情況の中においても，圧倒するコスト競争力の実現を意図している．もちろん，このEMCS戦略は，日本にある工場を利用することから，ソレクトロンなどの専業EMSと互角に競争できるかどうかは未だ未知数であり，今後の課題といえる（川島ほか，2000.10.16）．

以上見てきたように，ソニーにおけるEMCS AV/ITの設立は，同社の生産戦略や組織戦略を根本から転換させるためのトリガーであると考えられる．すでに，本社のカンパニーが特定の工場を抱え込む主管事業部制は廃止された．その結果，事業部からの支援がなくなり，従来は不明確であった工場の損益責任が次第に明確になることが期待されている．このようにして，ソニーでは，かりに本社が倒れてもEMS企業として生き残っていけるプロフェッショナル集団を確立する試みが展開されている（川島ほか，前掲）．

このような動きは，他の多くのエレクトロニクス企業においても続々と展開されている．日立においても，家電部門ではEMS展開を睨んだ製造子会社群の集約や機能強化が行なわれている．これによって，家電事業部自体は3,400人から500人の体制へと大幅なスリム化が実現している．

また，松下電器においても，かの伝統的な事業部制の再考が行なわれており，すでに30の工場を切り離して工場企業を確立する方向性が打ち出されている（山田ほか，1999.7.17）．

以上のように，ソレクトロンの衝撃的な登場は，いささか沈滞気味にあったわが国の製造業を再生するための戦略的再編に対して多大なインパクトをもたらした．それは，世界の製造業がグローバル競争を生き抜くために国境を越えた再構築を誘発したことを示している．かくて，いよいよ21世紀型の製造業の新たな競争構図が鮮明に浮かび上がってきた．この意味において，今まさにEMS

革命の灯火が燎原へ広がっていると考えられる．今や，革命の時代の幕が開けたのだ．

0.2.4 EMSビジネス革命の行方

　EMSビジネスの現状に目を向けると，まだその緒についたばかりである．つまり，EMSビジネスは，エレクトロニクス産業から誕生した黎明期の中にあり，その姿を他の産業に見ることはできない．もちろん，エレクトロニクス産業においては，デジタル時代の現出によって他産業と比較して圧倒的にスピードが要請されている．ファイン（Fine, 1998）の表現を借りれば，「クロックスピード（進化の速度）」の速い業界といえる．しかし，このような速度の経済に立脚した産業構造への転換が早晩に全産業的な特徴となって全世界を駆け巡るようになることは明白である．それゆえ，今後，わが国企業の中から，例えば自動車産業のソレクトロンや機械産業のソレクトロンが続々と誕生することがおおいに期待される．

　EMS革命のうねりが業界を越えて広がるようになると，いかなる企業においてもいずれは前述したソニーに見られる組織の再編成が不可避になり，業界慣行や日本的系列の見直しや排他的な競争戦略の再考が必要となってくる．そして，このような対応を確実に行なえた産業だけが，世界的グローバル競争時代においてヘゲモニーを確立することができると予見できる．このように考えるならば，EMSの問題はたんに製造戦略の転換という機能戦略を超えて，グローバル競争に向けた戦略的アライアンスの問題になってくる．

　以上の議論から，ビジネスモデルにおけるEMSに期待される2つの戦略視点が明らかになる．第1は，ベストプラクティスの積み重ねによるカスタマイズパワーの獲得である．第2はM＆Aの繰り返しとそれによるコンピテンシーの獲得である．このとき重要なことは，これらの2点が，何よりもまして，グローバルなスケールメリットとローコスト効果を大きく発揮するファクトリーネットワークの形成が前提条件になる点である．

前者のベストプラクティスの狙いは，顧客に対するソリューション提供を最大化することにある．そこでは，顧客ニーズを満たすために独自のオペレーションを展開するのではなく，世界中の優れた製造業の最も優れた要素を自社のノウハウと血肉化するのである．第1章で述べるように，世界中の第一級のノウハウ，すなわちグローバルベストプラクティスを自社のノウハウに転換することは，じつは個々の顧客のニーズに最も的確に結びついていくのである．これこそが，すなわち標準化による多様化への戦略的な対応であるといえる．

第7章において提言された品質管理戦略の方向性は，このような分析視覚から導き出されたものである．その意味においては，EMSにおける品質とは，たんに製品のクオリティのみならず，併せて多様な付加価値の形成を指向した経営品質の改革として立ち現れるものとなる．また，第Ⅱ部以降で取り上げた先進事例は，このような分析視覚に基づいて論じられている．しかも，それら諸事例は，第2章で提言されたEMSビジネスモデルの諸類型との関連づけを考慮しながら考察が行なわれている．

後者のM＆Aの繰り返しとコンピテンシー獲得については，価格やデザインをコアとしたビジネスモデルとしての優位性を確立するために不可欠な戦略対応である．当然ながら，M＆Aに伴う工場の買収はたんに製造拠点の拡大ではなく，各企業に根づいている多様なコンピテンシーの獲得と，それらの相互学習を意味している．だからこそ，M＆Aがノウハウやスキル等に代表されるコンピテンシーの高度化に結びついている．

このような仮説に立脚しながら，本著では後述する多くの先進事例が取り上げられているし，M＆Aの戦略的推進方法についての具体的な提言が行なわれている．とりわけ系列モデルからEMSモデルの革新に向けた戦略対応については，特に詳細な説明が行なわれている．また，EMSに対しては，製造を委託するバーチャル指向の製造サービス企業とこれを受託するEMS企業の双方の戦略を，両面から概括できるように配慮が行なわれている．

さて，今やわが国の製造業においては，本著で紹介したEMSがブームのような状況に突入している．そしてわれわれは，この日本的経営を科学的に分析す

ることで米国発グローバルビジネスモデルとして確立されたEMSを速やかに学び，新たな国際競争力の獲得を指向すべきなのである．そのためには，欧米型の科学主義と日本型の芸術主義の融合を行なうことで，次世代型の新たなビジネスモデルの構築に向けた必死の努力が行なわれることが期待されている．

参考文献

Fine, C., *Clockspeed*, Perseus Books, 1998.

稲垣公夫『EMS戦略』ダイヤモンド社，2000年．

川島 諭，寺山正一，山崎良平，佐藤 新「工場独立宣言」『日経ビジネス』，2000年10月16日号．

Marton, R.K., "The Matthew Effect in Science," *Science*, January 1968, pp. 56-63.

Tapscptt, D., D. Ticool and A. Lowy, *Digital Capital*, Harvard Business School Press, 2000.

山田俊治，岡本 亨「EMSが製造業を救う！」『週刊 東洋経済』，1999年7月17日号．

Electronics
Manufacturing
Services

第Ⅰ部

EMSのもつ意義と本質
どんな視点が大切なのか？

第1章

経営革命としてのEMS

原田 保，古賀広志

1.1 エンタープライズマニュファクチャリング革命

　第Ⅰ部では，理論編として，EMS革命の本質と意義を明らかにする．第1章では，企業再編や事業創造のコンテキストとしてのEMS戦略の背後に存在する戦略設計思想やそれに関する諸概念を提示する．第2章では，戦略コンテキストを具現化したビジネスモデルに着目し，その分類を試み，その基本類型を提唱する．

　序章で述べてきたように，本書では，EMSを，文字通りのエレクトロニクス業界における製造サービスではなく，より広がりを持った戦略コンテキストとして認識する．事実，エレクトロニクス産業以外にもEMSは広がっている．

　たとえば，自動車メーカーのBMWは，新型スポーツカーの開発と組立の全工程をマグナ・インターナショナルに外部委託することで暫定合意したと発表している[1]．しかし，EMSの概念をめぐる誤解は少なくない．

　そこで本節では，EMSの概念定義について若干の考察を加えることにしたい．

1.1.1 垂直分離を越えて

　一つの製品ないしサービスが，最終顧客の手元に届けられるまでには，原料の生産，部品生産，製品開発，製造，販売，流通，物流，アフターサービスなど非常に多くの活動が遂行されている．このような一連の諸活動は「サプライ

チェーン」と呼ばれる[2].

　サプライチェーンは，単一の企業ではなく複数の企業によって遂行されることが多い[3]. それは分業するほうが効率がよいからである. そのために，企業は，サプライチェーン全体のうち，どの部分を担うのかを決定しなければならない.

　しかし，自社が担うべき活動の範囲や種類は固定的ではない. 状況に応じて，供給業者から納入していた部品を内製する，あるいは流通業者の仲介を排除し顧客に直販することになる. 一般に，自社が遂行する活動の種類を増やすことを「垂直統合」といい，逆に自社が遂行する活動の種類を減らすことを「垂直分離」という.

　ここで誤解を恐れずに一般化するならば，不確実性の低い環境の下で市場が成長している場合は垂直統合する傾向が強く，逆に市場が成熟化し不確実性が高くなるにつれて垂直分離が有効になってくる. この限りにおいて，市場の成熟化が進んだ現代において，工場機能の分離独立化（垂直分離）が期待されていることは容易に理解できる.

　しかし，EMSは，たんなる垂直分離とは異なる戦略コンテキストである.

　たとえば，トヨタ自動車を例にあげれば，市場が成熟化するにしたがい，製鋼活動，工作機械製造活動，トラック・ボディ製作活動，電装部品関係の諸活動を別会社化するとともに，部品の外製化を進めるなど垂直統合度を低めている[4]. このような垂直分離では，リジッドな階層的役割分担，長期的信頼関係に基づく商慣行などを特徴にしている.

　ところが，EMSでは，柔軟な専門化（flexible specialization）と水平的分業を前提にしている. 柔軟な専門化とは，一貫生産型の分業体制と異なり，状況に応じて分業の仕組みを変えることができる仕組みである[5]. 言い換えるならば，分割された仕事をこなすのではなく，受注先に新しい仕事を提案するなど分担した仕事から新たな仕事が生まれるような広がりをもった分業観である. つまり，自己増殖する分業である. 高い専門能力に裏づけられた自主性なしには，このような分業観を確立することはできない.

次に，水平的分業とは，業界横断的な分業（仕事の受託）である．EMSでは，系列のような親会社との間に強力な連結を求めず，独立性が強い．そのために，場合によっては，従来の取引先（親会社）と競合関係にある企業から受託する可能性がある．これは，垂直的パワー関係の革新に他ならない（寺本ほか，1999）．

したがって，EMSが担うサプライチェーンは，垂直的かつ一方向的な供給活動の連鎖ではなく，自己増殖的な分業の集まりとみなすほうが適切である．多様な受託先企業が状況に応じて布置されるという意味で，連鎖よりも星座のほうがイメージに近いといえる[6]．また，取引関係は，垂直分離の場合に見られるような主従関係ではなく，独立性が高い．そのために，信頼関係の基礎は，技術水準や専門性におかれることになる．これらの相違点を表1-1に示す．

表1-1　EMSと垂直分離との相違点

	EMS	垂直分離：系列
分業観	水平的分業観 仕事の自己増殖 伸縮性のある分業 柔軟な関係	階層的分業観 仕事の分割 硬直的分業 固定的関係
パワー関係	業務遂行水準や品質に基づく実力本位	垂直的階層や下請関係に基づく

1.1.2　アウトソーシングを越えて

次に，EMSとアウトソーシング（請負ないし代行）の関係について論じたい．

一般に，EMSは，「製造アウトソーシング」ないし「工場（アセンブル機能）の分社独立化」と捉えられる傾向が強い．たとえば，稲垣（2000）は，EMSを「文字通り，エレクトロニクスメーカーの製造を請け負う企業のこと」と定義している[7]．

しかし，EMSをエレクトロニクス業界に限定する必然性はない．冒頭で述べたBMWのケースのように，今後さまざまな業界に広がっていくものと考えられ

る.また,事業領域においても,工場機能に限定されるべきではない.事実,現時点でのメガEMSは,設計,部品調達,物流,製品修理などを手掛けており,生産活動全体を調整する役割を担いつつある[8].

このとき,出現しつつあるメガEMS企業を捉えるためには,EMS概念そのものの拡張が必要となる.すなわち,工場機能だけでなく,設計や調達など製造機能に係る業務を広く請け負う形態がEMSということになる.

しかし,このような拡張概念を採用したとしても,EMSをアウトソーシングの発展形態(製造アウトソーシング)と捉えていることに変わりはない.

EMSに対するこのような見方は,完全に間違いというわけではないが,製造業の企業革命という意義を十分に捉えているとはいえない.それでは,われわれの提唱する広義のEMS概念は,製造アウトソーシングと比べて,どのような相違点があるのだろうか.この疑問に答える前に,まずアウトソーシングとは何かについて整理しておく.

島田(1995;1998)の定義にしたがえば,アウトソーシングとは,「ある組織から外部組織に対して,組織の機能やサービスの全てまたは一部を委託すること」である.言い換えれば,「企業活動のある部分を分離して,外部企業に委託すること」となる.実際には,情報システム部門,経理,部品製造活動のアウトソーシングが知られている[9].

このとき,EMSとアウトソーシングは次のような相違がある(表1-2).

まず第1に,アウトソーシングが委託者側からの視点であるのに対し,EMSは受託者側の戦略対応に着目している.さらに,委託者と受託者の関係性に着

表1-2 EMSとアウトソーシングの相違点

① EMSは,集中特化と外部化のメリットを双方が享受できる.
② EMSは,中核事業に相当する機能の外部化を対象にする.
③ EMSは,自社の担うべき機能そのものを問い直す.
④ EMSは,サプライチェーンを横断する機能の脱構築をともなう.(単なる分離や外部化ではなく,構造変革をともなう.)

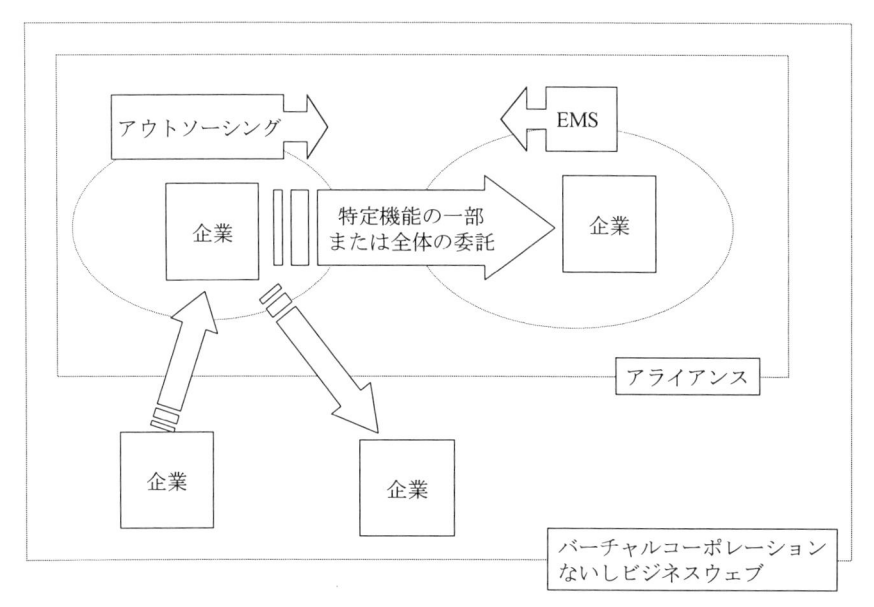

第1章 経営革命としてのEMS　　27

図1-1　EMSをめぐる諸概念の視点の相違

目する概念が，アライアンスである．また，個別の企業間関係ではなく，それらの全体集合に注目する分析視覚が，バーチャルコーポレーションないしビジネスウェブである[10]．これらの概念の関係性を図1-1に示す．

このとき，ファブレス化を進める企業とEMS企業の双方が，集中特化と外部化のメリットを享受できる点に留意する必要がある[11]．いわゆる「Win-Win関係」を構築するのである．EMSは垂直分離や系列における下請的な存在を超克する所以である．

第2は，対象業務の相違である．アウトソーシングでは，主に経理や情報システムなど価値連鎖の支援活動が対象にされる傾向が強い[12]．島田(2001)の表現を借りれば，「錐で穴をあけるように」自社の得意分野に集中しようという戦略対応が，アウトソーシングの特徴といえる．他方，EMS戦略では，事業活動の中核部分が対象となる．

第3は，EMSが事業再定義を伴う点である．製造業における工場機能を問い

直すということは，従来の中核事業の再考に他ならない．その結果，EMS戦略では，資源の集中という視点よりも，事業再定義の観点が重要になってくる．すなわち，EMSは，得意領域に資源を一点集中させ，不得手の領域を外部化するという効率指向ではなく，新しい価値創造(サービス化)の実現を意図する効果を指向する概念といえる．

第4は，役割革新の有無である．垂直分離との相違において言及したように，EMSでは，分担された業務の自己増殖を視野に入れた柔軟な専門化を考えている．他方，アウトソーシングでは，従来の機能を外部化するだけであり，機能自体が本質的に変化することはない．これは階層的な分業観に基づくアプローチといえる．かりにEMSが垂直分化を指向するのであれば，ファブレス企業とEMS企業という役割分担を明確化することになろう．しかし，序章で論じたように，EMS企業は，製造に関わる総合的調整機能やプロデューサー機能を担うことが期待されている．アウトソーシングの特徴である得意分野に専念するという姿勢の背後には，役割革新という視座はない．

第5は，構造革新の有無である．代表的EMS企業であるソレクトロンでは，取引先である三菱電機の工場を買収している．このことは，工場機能の担い手がメーカーから外部へ移行するのではなく，製造業界全体のプレイヤーの役割分担そのものを再編集する戦略対応として，EMS戦略を認識する必要性を示すものである．このとき，EMS戦略を支える構造革新の側面は，M&Aをともなう点に留意する必要がある(後述)．

1.1.3 サプライチェーンマネジメントを越えて

次に，サプライチェーンマネジメント(Supply Chain Management : SCM)とEMSの相違を考察する．

SCMとは，サプライチェーン全体を俯瞰する立場から生産活動の同期化を行なうことにより，迅速な応対とダイナミックな最適化を図る経営手法である．

SCMのキーワードは，「在庫」と「スピードの経済」である．これらは密接に

関わっている．サプライチェーン上のモノの流れは，なんらかの価値が付与される「動」と段取替えや処理待ちなど「静」すなわち「在庫滞留」に大別される．

さて，モノの流れと表現したが，現実には，モノは在庫滞留している時間が多く，モノの澱みが大きな課題となっている．しかし，部門や企業の立場では，それらの間に滞留する澱みを解消することは困難であった．従来の商慣行では，取引先の在庫状況を把握するなど考えられなかったからだ．かくて，サプライチェーン全体を見渡す鳥瞰的視点が必要になってきた．それが，SCMである．

次に，スピードの経済とは，在庫回転率を上昇させ，投資効率を高めることを指す．バトンリレーを迅速に行なうことで，サプライチェーンのあちこちに滞留する在庫をなくすのである(在庫最小化)．さらに，スピードが上がれば，需要変動に迅速に対応できるために，売上機会損失を最小化できる．

以上のように，SCMの焦点は，業界全体のスピード化・在庫削減にある．しかも，迅速さは効率化・コスト削減をもたらす．その結果，SCMの優劣が，企業の死生を制するとさえ指摘されるようになっている．

しかし，スピード化には陥穽がある(Stalk and Alan, 1993)．スピード化と需要創造を同次元で捉えがちという点である．両者は次元を異にする．改めて言うまでもなく，生活者の視点に立てば，リードタイムの長さよりも，商品そのものの魅力が重要である．

しかも，いまや消費者の購買動機は，かつてのように「家にないから」ではなく，「自分らしい生活を演出するため」に移行している．言い換えれば，商品価値は，その物理的機能ではなく，消費者の恣意性と回顧性によって決定される(石井，1996，第2章)．このことは，「経験商品」の登場に他ならない．

経験商品とは，消費者による使用経験が製品価値を左右するものを指す．このような商品は，企業の側であらかじめ価値を決定することができない．そのために，伝統的な「作ったものを売る」というビジネス論理が通用しない．したがって，既存ビジネスのスピード化だけでは対応は十分ではない[13]．

たしかにスピード化は重要であるが，市場創造という視点を忘れてはならな

表1-3　EMSとSCMの相違点

	EMS	SCM
活動の焦点	顧客創造ニーズの感知	在庫圧縮 生産効率化・スピード化 応答能力の向上
構成主体間の関係	構造改革をともなう	役割分担に変化は見られない

い．ブラドリィとノラン(Bradley and Nolan, 1998)は，顧客ニーズを迅速に把握し，それに応答する経営(sense and respond)の重要性を主張した上で，応答能力の向上に比べると，感知能力(需要認知)は不十分だと指摘している．

このように考えると，SCMは，まさに応答能力に注目した概念といえる．他方，EMSは，感知能力を研ぎ澄ますためのメーカーの脱マニュファクチャリング戦略と捉えることができる(表1-3)．

1.1.4　戦略コンテキストとしてのEMS

以上の議論から，EMS戦略のキーワードが明らかになった．それは「構造改革」と「市場創造」である．

EMSは，系列やアウトソーシングと異なる分業観に基づく概念である．それは，分割された仕事を遂行するだけでなく，新しい仕事を見出したり，仕事の全体観を変革したりする可能性をもっている．そのために，EMS戦略には，サプライチェーン全体の構成原理を変革し，構造革新を促すことが不可欠となる．EMSは，工場の存在意義の問い直しを通じて，そのような構造革新を推進するレンズを与えてくれる．そのために，EMSを設備施設などの固定費を変動費化する製造活動のアウトソーシングという安直な理解から脱却しなければならない．その手掛かりは，構造改革というキーワードである．

もう一つのキーワードである市場創造とは，感知—反応という行動原理にお

いて看過されていた部分である．この意味において，EMSは，スピード化による効率化だけでなく，新製品開発に集中特化した戦略対応ということができる．

もちろん，EMSは，上記の系列，アウトソーシング，SCMと対立する概念ではない．たとえば，グローバル化や情報化を前提にするなど共通点も多い．それゆえ，これらの諸概念は補完的な関係にある．むしろ，これまでの経営手法が看過してきた(あるいは対応できなかった)領域をカバーする包括的概念がEMSということができるだろう．

最後に，本書におけるEMS概念を定義しておく．すなわち，EMSとは「製造業がグローバル競争において持続的競争優位を獲得するためにとるべき企業再編戦略ないし事業創造戦略」である．

1.2 EMS革命の戦略的意義

前節でみてきたように，EMS戦略は，再編成される業務そのものの変革をともなう点において，経営革命と呼ぶことができる．EMS革命は，製品やサービスの差別化のような消費者の目につくような華々しい革新ではない．むしろ，静かな革命である．しかし，この革命は，製品を最終利用者に届けるまでの一連の仕組みを構造的に再編するために，きわめて重要な性質を持っている．

そこで本節では，戦略革新としてのEMSの意義を探ることにしたい．このとき，経営戦略の課題は，一般に持続的競争優位の確立にあるといわれる．したがって，以下では持続的競争優位の源泉というキーワードを手掛かりに，EMS革命の戦略論的意義を探ることにしよう．

1.2.1 EMS戦略に対する分析視覚

議論を始める前に，持続的競争優位の源泉をめぐり諸概念を整理しておこう．まず，競争優位とは「商品市場における顧客の獲得をめぐる企業間競争において，自社が競合他社に対して優位にたっている状態」を意味する(中橋，1997)．

このような競争優位を可能にする要因を「競争優位の源泉」という.

競争優位の源泉に関する分析視覚は，2つに大別できる(中橋，1997). すなわち，ポーター(Poter, 1980 ; 1985)に代表される「市場ポジショニング視覚」と，1990年代に精力的に展開された「資源ベース視覚(resource-based view)」である.

前者は，産業組織論の研究成果をもとに，競争優位を生み出しやすい構造特性をもつ市場を構築する方法を展開する分析視覚である. この分析視覚の特徴は，業界の利益率を左右する競争圧力となる要因を明確に示し，その分析枠組みを提示したことにある[14].

後者は，自社内の経営資源こそが競争優位の源泉であるとみなす考え方である. たとえば，プラハラドとハメル(Prahalad and Hamel, 1990)によって展開された「コアコンピタンス(中核能力)論」は，その代表的研究である.

以下では，まず工場機能を外部化するメーカー側からみたEMS戦略の論理について，それぞれの分析視覚から考察を加えていく.

1.2.2 市場ポジショニング視覚からみたEMS戦略の意義

市場ポジショニング視覚では，持続的競争優位をもたらす市場構造特性の解明に注目する. そして，魅力的な市場を探求し，そこに自社を位置づけることから，市場ポジショニング視覚という[15].

市場ポジショニング視覚では，業界構造を分析する道具として，参入障壁や代替品の脅威などを利用することが多い. しかし，EMS戦略を分析するためには，業界構造特性だけでなく，業界内のサプライチェーンの中から魅力的な活動領域を探求しなければならない. そのためには，集中化すべき活動はどこか，あるいは外部化すべき領域はどこかを検討するための道具が必要となってくる.

このとき，集中化すべき活動領域を選択する手掛かりとして，付加価値の概念が重要である. 付加価値という概念を用いることにより，サプライチェーン内のどの領域に特化集中するかというポジショニングを検討することができる.

具体的には，サプライチェーン内の諸活動が創出する付加価値の分布を図示すればよい．エレクトロニクス業界では，各事業活動を通じて創出される付加価値は，川上の研究開発と川下の販売やサービスで大きく，製造活動で小さい放物線を描くことになる(図1-2)．笑ったときの口のように見えることから「スマイル曲線」とも呼ばれる．

 スマイル曲線をみれば，どの領域に集中特化すべきかが一目瞭然である．かくて，研究開発に集中するために，製造活動の外部化が進展する．そこでの「モノづくり」の焦点は，「いかにつくるか」でなく，「なにをつくるか」におかれることになる．

 また，経験商品と認識される一部の消費財では，製品を使用する場がその価値を決定するために，ポストマニュファクチャリングあるいはアフターマニュファクチャリングの役割が重要となる．それゆえ，「どうやって売るのか」に焦点がおかれることになる．ここでの課題は，どのような状況で使用価値が誘発されているのかを解明すること，さらには新しい価値を生活者に提案すること

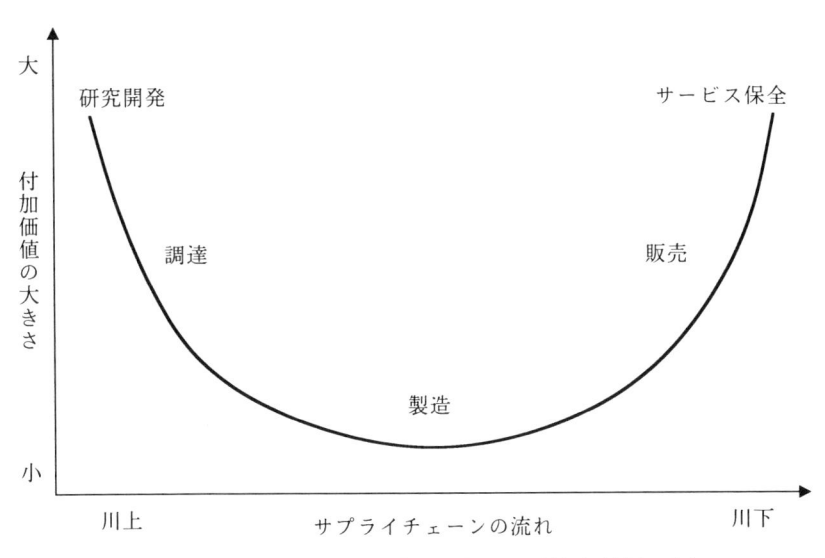

図1-2　サプライチェーン内部で創出された付加価値額の分布

にある．

　ソニーの場合，PCの人気ブランドVAIOに代表されるデジタルAV機器では，売上高の7～8％を研究開発に投資している．それゆえ，研究開発などのプロマニュファクチャリング活動に経営資源を集中化させるために，製造部門の外部化を行なったのである．

　同時にソニーでは，デジタル機器を使用する新しい生活空間を提案するマーケティングを積極的に展開している．その背後には，製品の客観的な機能ではなく，主観的な意味こそが，製品価値を決定するという考え方が見え隠れしている．

　したがって，製造業における脱マニュファクチャリングとは，「いかにつくるのか」から「なにをつくるか」ないし「どうやって売るのか」に活動の重心を移行することに他ならない．それは，「モノ」から「コト」へという購買動機の変化に対する戦略対応であることが理解できる．市場ポジショニング視覚は，このようなEMS戦略の意義を明らかにしてくれる．

　もちろん，すべての業界ないし製品において，研究開発やマーケティング活動における付加価値が大きいというわけではない．たとえば，加工そのものによる付加価値が大きい製品の場合は，内製化するほうが望ましいことになる．それゆえ，サプライチェーン内の付加価値創造という視点から自社を取り巻く業界の市場特性を分析し，自社の活動領域をポジショニングすることが重要である．この限りにおいても，市場ポジショニング視覚はEMS戦略を検討する上で有効であろう．

1.2.3　資源ベース視覚からみたEMS戦略の意義

　次に，資源ベース視覚に立脚し，EMS戦略の意義を考察する．資源ベース視覚では，企業固有の独自能力に注目する．やや乱暴な言い方をすれば，創出される付加価値というアウトプットではなく，得意領域は何かというインプットに注目する視覚である．このとき，手掛かりとなるのは，「組織能力」や「独自

能力(コアコンピタンス)」という概念である.

ところで,独自能力という視点からアウトソーシングについて議論される場合,「自社のコアコンピタンスに集中し,それ以外の業務を外部委託せよ」ということが指摘されることが多い.

しかし,このような理解は,中橋(2001)が指摘するように,あまりにも安直すぎる.そこで以下では,競争優位の源泉としてのコアコンピタンスとは何かを深く考えることにより,工場を外部化する側から見たEMS戦略の意義を検討する.

コアコンピタンス概念の提唱者であるプラハラドとハメルは,持続的競争優位の源泉は,製品レベルではなく,製品を生み出す企業の能力に求めるべきだと主張している.ここでいう企業の能力とは,製品を生み出すコアコンピタンスと,そのコンピタンスを構築する能力という2つの次元から構成される.

製品を生み出す力とは,資源や技術などを組み合わせ,それらを統合する力といえる.技術力だけでは製品は作れない.組織の力が不可欠なのである.ソニーを例にあげれば,コアコンピタンスは「製品を小型化する能力」となる.しかし,小型化を実現するためには,マイクロプロセッサ設計,素材科学,超薄型精密ケーシングなどのノウハウの調和だけでなく,エンジニアとマーケティング担当者などの協働が不可欠となる.このように,企業の能力は,技術的側面だけでなく,組織的側面をあわせもつ.プラハラドとハメルの表現を借りれば,企業の能力は「多様な生産スキルを調整し,複合的な技術の流れを調和させること」や「仕事を組織化し価値を提供すること」に深く関わっている.

以上の議論を通じて,われわれは,コンピタンスの構築において,部門組織の境界を越えたコミュニケーションが不可欠であることを明らかにした.しかし実際には,組織外部の利害関係者との相互関係のあり方がコンピタンス構築に大きく関わっている[16].ソニーの例を続けるならば,デバイス供給業者,販売店や外部の物流業者,リードユーザーとの関係を無視することはできない[17].

さて,われわれは先に,「EMSは工場機能のたんなる独立化ではない」と指摘してきた.また,「コンピタンスでないものをアウトソースする」という理解は

安直すぎると批判した．コンピタンスが外部者の関係に依存するのであれば，特定業務の外部化を進める前に，外部関係者との間にどのような関係を構築するのかが重要になってくる．

また，製造部門の外部化が結果として，コンピタンス構築に不可欠な「境界を越えたコミュニケーション」が困難になるようでは，かえって競争力を失うことになってしまう．それゆえ，EMS戦略の実行には，これまで以上の密接なコミュニケーションの実現が前提与件となってくる．バーチャル企業とは，あたかも同一企業のような関係を指すが，それは同一企業のとき以上の密接な結合関係を要請するのである．したがって，EMS戦略の第一歩は，コンピタンスの解明や付加価値分析ではなく，むしろ内なるバーチャル化ということになる．

1.2.4　EMSの戦略的意義

これまでの考察から，EMS革命の戦略的意義を要約すれば，次のようになる．

まず，市場ポジショニング視覚にたてば，EMS革命は，企業が所属する業界構造特性を付加価値という視点から捉え直す認識革命といえる．また，付加価値の分布に着目すれば，EMS革命の2つの方軌が明らかになる．すなわち，川上(研究開発)重点型と川下(マーケティングないしアフターサービス)重点型である．

他方，資源ベース視覚にたてば，EMS革命は「内なるネットワーク革命」と捉えられる．コンピタンス構築の鍵は，部門組織を越えた連携にある．それゆえ，コンピタンスに集中するためには，部門境界を越えた協働を促進する仕組みづくりが不可欠となる．また，コンピタンスは，自社の論理だけでなく，自社をとりまく外部関係者との関連から検討されるべきものである．それゆえ，EMS戦略を展開するためには，外部関係者との相互作用のあり方を問い直すことが不可欠となる．

以上の議論は，表層的なEMSの理解(工場機能の独立分社化とする考え方)を正し，経営戦略論の立場からEMSに潜む「革命と呼ぶべき性質」を明らかにす

るものであった．しかし，2つの分析視覚を統合した枠組みを提唱したわけではない．そこで，EMS革命の戦略的意義を体系的に整理するための参照枠組みを提示する．

経営戦略の体系は，ビジョン―事業コンセプト―市場セグメント―事業の仕組み（ビジネスモデル）―組織能力―資源とスキル，という階層構造として捉えることができる（図1-3）．

最近では，事業の仕組みを「ビジネスモデル」ということが多いので，以下では「ビジネスモデル」という言葉を用いる．ビジネスモデルは，事業コンセプトを具現化したものであると同時に，資源や能力によって支えられている仕組みである．このとき，資源や能力は，ビジネスモデルのインプットであると同時にアウトプットでもあることに留意する必要がある．このとき，EMS革命の進展は，次のようなメカニズムとして認識することができる．まず，進展する情報ネットワークを背後に，資源とスキルに対する認識が変化する．次いで，新しいスキルや能力を調整するために組織能力の再編成が促される．しかし，

```
ビジョン
  ↓        ⎫
事業コンセプト ⎬ 包括的で将来展望的な事業概念
  ↕        ⎭
市場セグメント
  ↕
事業の仕組み ──── コアコンピタンスを具現化したシステム
  ↕
組織能力 ──── 製品を生み出すコアコンピタンス
              コンピタンスを生み出す能力
              （資源と能力を統合する力）
  ↕
資源・スキル ──── コンピタンスの基礎
```

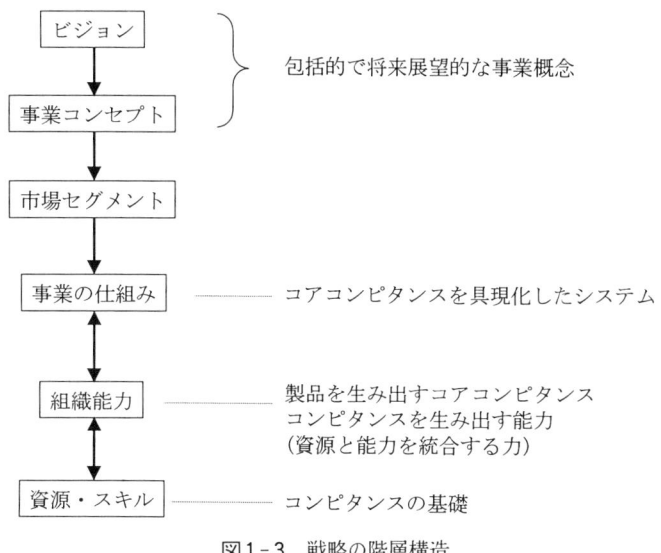

図1-3　戦略の階層構造

組織能力の再編は容易ではない．組織能力は，時間をかけて構築されたゆえに，競合他社の模倣が困難となる．しかし，このことは逆に，組織能力の変更の困難さを意味する(Leonard, 1998)．

結論を急げば，組織能力の変更は，その努力の過程を通じて事業コンセプトという戦略コンテキストを書き換えることができるかどうかにかかっている．言い換えれば，行為を通じた事業コンセプトの修正が，資源やスキルを調整する枠組みを変更するのである[18]．事業コンセプトの修正は，製造業の脱マニュファクチャリング化という行動を導くことになる．

新しい事業コンセプトは，新しい事業の仕組みに対する基本設計図を提供する．ビジネスモデルの革新である．同時に，新しい事業コンセプトは，新しい資源やスキルの調整原理を導くことになる．組織能力の革新である．さらに，新しい組織能力がビジネスモデルに影響を与える．他方で，ビジネスモデルにふさわしい組織能力が探索され，涵養される．かくて，ビジネスモデルと組織能力はスパイラルに進化していく．これが，EMS進化の原動力となる．

1.3 主役に躍り出たEMS企業

前節での議論は，表層的なEMSの理解(工場機能の独立分社化とする考え方)を正し，経営戦略論の立場からEMSに潜む「革命と呼ぶべき性質」を明らかにするものであった．しかし，そこでの視点は，どちらかというと工場機能を分離する側に重点が置かれていた．そこで本節では，視点を変え，EMS企業における戦略対応について論じる．

ところで，前述したようにEMSは分離される側の企業から見た視点が重要である．しかし，メーカー側から見たEMSの戦略的意義を強調すればするほど，EMS企業はスピンアウトされたコスト部門というイメージが色濃くなってくる．しかし，現実には，EMS企業が製造業界の主役に躍り出ようとしている．そのために，EMS企業イコール下請的な表層的かつ負のイメージを払拭することから議論を始めることにする．

1.3.1 下請的存在を越えたEMS企業

序章でも指摘したように,ソレクトロンでは,製品を自社ブランドで販売していない.そのために,一見すると,他社ブランドの製品供給(OEM : Original Equipment Manufacturing)戦略とうつるかもしれない.しかも,前節で見てきたように,エレクトロニクス業界のサプライチェーンを鑑みれば,EMS企業が担う事業領域は付加価値の小さい部分である.付加価値は販売価格から原価を控除したものであるから,ローリターンのビジネスといえる.そのために,表層的にEMSを捉えるならば,ファブレス企業の下請的な存在というイメージを拭いきれない.

しかし,ソレクトロンに代表されるEMS企業の活動をきちんと見れば,むしろ製造業界の主役に躍り出る可能性を持っていることを容易に理解できる.

まず,EMS企業は,系列や下請のような垂直的パワー関係に依存していない.すでに述べてきたように,場合によれば生産を委託してきた企業と競合するメーカーの仕事を受託することもある.その限りにおいて,取引関係は固定的ではなく独立性が高い存在といえる.

第2に,EMS企業は,2次部品のような製品の一部を製造するのではなく,製品に関わる全製造工程に深く関わっている.たとえば,カナダに本社を置くマグナ・インターナショナルは,BMWの新型スポーツ車「X3」の開発と組立の全工程を受託するという.この限りにおいて,製造活動の中核を担うのは,メーカーではなくEMS企業となる.それゆえ,EMS企業なしに製品供給を行なうことはできない.つまり,モノづくりの主役は,メーカーからEMS企業に移行しつつあるといえる.

第3に,EMS企業は,メーカーの脱マニュファクチャリング化を促す触媒的存在である.それゆえ,サプライチェーン再編において重要な役割を担うことになる.三菱電機とソレクトロンの関係を振り返ってみよう.ソレクトロンは,三菱電機の製品製造を請け負っているだけでなく,三菱電機の工場部門を買収している.取引先に工場機能を提供するだけでなく,取引先の製造部門を積極

的に内部化するのである．この限りにおいて，ソレクトロンは，三菱電機におけるビジネスプロセス再編成に対して積極的に係わっているといえる．つまり，EMS企業は，製造業の事業構造改革を促進する触媒的役割を担うのである．

最後に，EMS企業は，製造工程を構成するビジネスウェブの中心的存在である．再編されたサプライチェーンのイメージは，階層的分業に基づく直線的連鎖ではなく，水平的分業に基づく企業群の集まり（布置）に近い．このとき，生産工程全般を鳥瞰できるEMS企業は，価値創造活動の星座の中心的存在になる可能性が高い．生産プロジェクト全体を調整する上で必要となる情報を集約しやすいからだ．つまり，EMS企業は，製造活動の調整役として活躍することが期待されるのである．

以上のように，EMS企業は下請的存在を越えて，製造業界再編の中心的な存在であり，再編を促進する触媒的な役割を果たすことが分かる．そこには，もはや負のイメージは存在しない．むしろ，メーカーのEMS戦略導入を積極的に受け入れることにより，生産プロセスの主役に躍り出ることができる．そこには，下請的な存在という消極的姿勢はみられない．むしろ，製造同盟とよぶべき強い協力関係の構築を目指す積極的な戦略的意図が見え隠れしている．

したがって，メーカーがEMS戦略を積極的に展開する一方で，EMS企業がEMS革命を促進しているという構図が浮かび上がってくる．このことは，序章で指摘したような「サービスをする側も受ける側もWin-Winの関係を目指すポジティブ戦略」というEMS像に他ならない．

1.3.2　EMS企業における戦略対応

次に，EMS企業が製造業界再編の中心的役割を担うための戦略課題について論じる．このとき，序章で論じたように，EMS戦略には2つの対応軸が考えられる．すなわち，脱マニュファクチャリングと深マニュファクチャリングである（図1-4）．

まず，脱マニュファクチャリングとは，製造業のサービス業化を意味する．

第1章　経営革命としてのEMS　　　　　　　　　　**41**

```
        ┌─────────────────────────────┐
        │ Electronics Manufacturing Services │
        │ 文字通り，エレクトロニクスメーカー │
        │ の製造を請け負う企業のこと         │
        └─────────────────────────────┘
                      ↓
    ┌──────────────────────────────────────┐
    │ 製造業がグローバル競争において持続的競争優位を獲得するため │
    │ にとるべき企業再編戦略ないし事業創造戦略             │
    └──────────────────────────────────────┘
              ↙              ↘
 ┌──────────────────┐   ┌──────────────────┐
 │ 脱マニュファクチャリング戦略 │   │ 深マニュファクチャリング戦略 │
 └──────────────────┘   └──────────────────┘
```

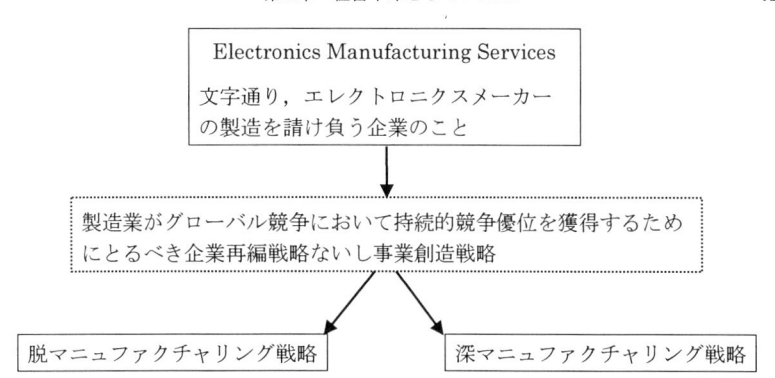

　Enterprise　Manufacturing Service　　　　Excellence　Manufacturing Strategy
　― 製造業のサービス業化　　　　　　　　　　― 高品質高機能の製品づくりの実現

　Exhaust Manufacturing Service
　― どんな要求にも対応可能な柔軟性の追求

図1-4　EMSの概念定義の発展と戦略対応軸

　簡単に言えば，生産機能提供をサービスとして展開する戦略対応である．そこでは，生産機能そのものの優劣だけでなく，納期や保証などの付属的な機能が重要になってくる．具体的には，故障や保守点検などアフターマニュファクチャリング，必要な製品をすべて入手できるワンストップサービスなどの重点化である．このような戦略対応は，EMSという頭文字にあわせて，「エンタープライズ　マニュファクチャリング　サービス」という．

　いまひとつの脱マニュファクチャリング対応は，製品化プロセスのコンサルテーションサービスを展開する方法である．言い換えれば，伝統的なモノづくりに加えて，メーカーの問題解決を支援するソリューションサービスを提供するのである．そこでは，EMSを「エグゾースト　マニュファクチャリング　サービス」として認識することができる．

　この戦略対応の特徴は，製品の要求水準や仕様が確定していないラフなアイデアの段階であっても，そのイメージの具現化を行ない，製品として結実させるサービスを提供する点にある．そのために，企画段階からメーカーとの協働

が不可欠となる．

　他方，深マニュファクチャリング対応とは，生産技術を研ぎ澄まし卓越した生産システムを構築することにより，再編されたサプライチェーンの中核的存在を追求する戦略である．EMSという言葉にこだわれば，「エクセレント マニュファクチャリング ストラテジー」といえる．

　前節で指摘したように，生産システムの卓越性を高めれば高めるほど，それ以外の機能を外部関係者に依存しなければならない．そのために，この戦略対応の成否の鍵を握るのは，サプライチェーン全体の編成を描く基本設計図ということになる．言い換えれば，生産技術をコアコンピタンスと定め，それに集中特化するためには，サプライチェーンを構成する企業群の布置が重要となる．そのために，EMS企業の究極的な姿は，付加価値創出のネットワークのハブとなろう．逆説的に聞こえるかもしれないが，生産活動領域に特化すればするほど，生産技術以外の要因が重要になってくる．

1.3.3　EMS企業におけるプロデュース戦略

　ここでは，EMS企業における脱マニュファクチャリング戦略の意義について論じる．このとき，脱マニュファクチャリング戦略は，サプライチェーン内部におけるポジショニングを考慮し，サービス化を指向する．そのために，市場ポジショニング視覚による分析が有効である．

　前節のスマイル曲線で示したように，EMS企業は，付加価値創出額の最も小さい領域に位置づけられる．ローリターンの事業空間は，恣意的かつ回顧的購買動機に支配されたハイリスク市場でもある．その上，競争関係は複雑である．すなわち，EMS企業の競争空間は，序章で論じたように，EMS企業間，メーカー間，メーカーとEMS企業間という3つの競争関係が錯綜している．

　以上のことから，EMS企業が属する市場特性は，ローリターン，ハイリスク，激しい競争環境という非常に厳しいことが明らかになる．そのために，たんに効率化を押し進めるだけでは，体力勝負の消耗戦に陥る危険が高い．そこで，

効率化にかわる差別化の対応軸として，革新(イノベーション)が要請されることになる．市場ポジショニングとの関係でいえば，業界定義のやり方を変えることになろう[19]．つまり，マニュファクチャリングという機能の意味づけを新たに解釈し直すことにより差別化を行なうのである．

金型商社のミスミを例にあげれば，自社のドメインをメーカーの「販売代理」ではなく，ユーザーの「購買代理」に置き換えることにより，いわゆる「中抜き現象」の脅威にさらされている卸売業者にあって好業績をあげ続けている[20]．このように，新たな視点から事業コンセプトを認識し直すことにより，持続的競争優位を実現する「窓」を開くことができる．なお，窓の大きさはドメインの深耕可能性と深く関わっている．

結論を急げば，脱マニュファクチャリング戦略の基本姿勢は，EMS企業の事業ドメインを「最終製品の加工・組立」ではなく「広く生産プロジェクト全般のマネジメントサービス」であり「モノづくりの総合的コンサルテーション」として捉え直す試みに他ならない．本書では，このようなドメインに基づく戦略対応軸を「プロデュース戦略」と呼ぶ．

エンターテインメント業界を例にあげれば，プロデューサーの役割は，作曲家や演出家，歌手や俳優などの制作者集団(クリエイター，アーティスト)とレコード会社や出版社などの企業群(パブリッシャー)を結びつけ，協働体として機能させることにある[21]．このような考え方に従えば，企画や開発に特化したメーカー，部品サプライヤー，物流業者，小売業者などの専門集団を結びつけ，継ぎ目のないバーチャル組織として機能させるEMS企業は，サプライチェーンのプロデューサーと見なすことができる．

いま一度スマイル曲線を思い出して欲しい．前述したように，メーカーは，付加価値創出額の大きい川上と川下に事業活動の重点を移行させる傾向が強い．そのために，サプライチェーンの川上と川下に企業群が2極分化することになる．このとき，両極に位置する企業どうしを結びつけ，あたかも一つの企業のように機能させるためには，両者の接点が必要となる[22]．そこで，EMS企業がその要を担うのである．

1.3.4　EMS 企業におけるバリューハブ戦略

　次に，EMS 企業における深マニュファクチャリング戦略の意義について論じる．このとき，深マニュファクチャリング戦略は，生産能力というコアコンピタンスに集中特化することから，資源ベース視覚による考察が有効となる．

　前節で検討したように，コアコンピタンスを考慮する場合，外部関係者との関係構築が重要である．とりわけ，EMS 戦略では，サプライチェーンの再編成ないし脱構築をともなうために，外部関係者とのつながりの考慮は必要不可欠の要因となる[23]．

　たとえば，環境変化の激しいエレクトロニクス業界では，売上高の 7％近くを研究開発に投資している．このような業界では，研究開発に資源を集中させることが重要になってくる．投資の集中化は一方で活動の外部化を促すことから，研究開発以外の活動を外部委託するようになる．このようなメーカーの動向を考慮しなければ，EMS 企業の生産能力特化戦略は，独りよがりの対応にすぎず，所期の効果を期待できない．

　ところで，EMS 企業の属するサプライチェーンの編成原理は，垂直的連鎖ではなく，星座のようなネットワークとして把握することができる．このとき，生産機能への特化を指向する EMS 企業は，価値のネットワークの中で，どのように位置づけられるのであろうか．

　このとき，EMS 企業の強みは，製品仕様に関する知識やノウハウを保有している点にある．そのような知識が，生産ネットワークの調整に不可欠であることは想像に難くない．さらに，製品知識やノウハウは，サプライチェーンを構成する企業群を選択したり，その布置を決定したりする上でも重要な鍵を握っている．そのために，EMS 企業は，価値のネットワークのハブとして機能することが期待される．

　加えて，製品仕様や製造に関わる知識やノウハウが生産システムに埋め込まれているならば，容易に流出することはない．それゆえ，いったんハブの地位を確立するならば，その持続性を享受できる．かくて，EMS 企業における深マ

ニュファクチャリング対応は，バリューハブ戦略として捉えることができる．

ここで，バリューハブ戦略の意義は，「はじめにコアコンピタンスあり」という安直な能力論でなく，サプライチェーン全体の調和という視点から自社の発揮すべき能力（有能性という意味ではコンピタンスの語感に最も近い）を探ることにある．

伝統的なサプライチェーンの設計は，物理的なモノの流れを有機的に結合するために，各企業のコアコンピタンスの明確化から始められる．誤解を恐れずに一般化して言えば，そこでのコンピタンスとは「製品を生み出す能力」という技術的側面のみに注目しており，「そのコンピタンスを生み出す能力」を考慮していない．

それに対して，バリューハブ戦略では，製品の欲求水準を実現するために必要な企業群を選定し，ドリームチームと呼ぶべき混成軍を結成することから始まる．各企業がコンピタンスを検討するのは，製品価値を創造するプロセスについての青写真ができてからである[24]．そのために，各企業は，自社の保有する資源と能力を新たに組み合わせ直し，新しい能力を発揮しなければならない場合もある．それは，ネットワーク参加以前に考慮されていたコンピタンスと微妙にニュアンスの異なるものになると思われる．この点は，新しいコンピタンス構築の跳躍台としても重要である．

このように，バリューウェブ戦略におけるコンピタンス概念は，「製品を生み出すコアコンピタンス」よりも「そのコンピタンスを構築する能力」に重点がおかれていることが分かる．さらに．バリューハブ戦略には，新しいコンピタンスを醸成する可能性が組み込まれている．それゆえ，コンピタンスに集中特化するためには，バリューハブ戦略が有効なのである．

1.4 進化するEMS企業の推進力

最後に，EMS企業がメガEMSに進展するための推進力を探ることとする．前節で議論したEMS企業の戦略的課題をふまえた上で，それらに対応するため

の組織的な課題を明らかにすることが本節の目的である．

1.4.1　依存関係ダイナミックスの実現を目指すEMS企業

　前節での議論から明らかなように，EMS企業は単なる下請的存在ではなく，サプライチェーンの編集主体に躍り出ようとしている．しかも，このようなEMS企業の役割進化は加速度的に進行している．いったんEMS企業がメーカーとの間に依存関係を構築できれば，収益逓増のメカニズムが働き，その関係を一気に増大させることができる．

　すなわち，メーカーがEMS戦略を採用すれば，EMS企業の能力を拡大することになる．その結果，EMS企業は「経験」を蓄積することができる．経験とは，製品の累積生産台数で表わすことができる．経験が増えれば，当該製品づくりのノウハウ形成に役立つ．経験蓄積は，それだけでなく「経験の仕方」や「ノウハウ形成に関するノウハウ」の獲得においても重要である．したがって，EMS企業は，経験を通じてノウハウやメタノウハウを獲得でき，結果として能力を深化することができる．つまり，メーカーとEMS企業の能力格差がますます広がるのである．メーカーとEMS企業の間の生産能力格差が拡大するほど，EMS企業に対するメーカーの依存度は高まっていく．

　依存関係を好循環させることは，プロデューサー戦略やハブ戦略を実現する前提与件となる．依存関係ダイナミックスをうまく作用させる鍵は3つある．すなわち，ベストプラクティス蓄積による能力深化，アライアンスによる能力増大，グローバルネットワーク構築による能力支援である．以下では，各対応について考察することにしよう．

1.4.2　ベストプラクティスによる能力深化

　モノづくりにおいて，製品を具現化する生産工程を無視することはできない．たとえば，米国電機メーカーのRCAは，世界に先駆けて家庭用ビデオの実用化

技術を開発したけれども，製造機能の優れた松下やソニーに市場を奪われている．この限りにおいて，モノづくりに係る能力を精錬することが，EMS企業が生き残っていくための必要条件である．

　製品を実現するコンピタンスとは，ベストプラクティスとよばれるノウハウと深く関わっている．たとえば，同じ資源や設備を利用したとしても，同様の品質もしくは機能の製品を生み出せるとは限らない．それは，資源や設備を利用する総合力の差といえる．そのような総合力を形成する構成要素が，ベストプラクティスである．この限りにおいて，EMS企業の製品実現能力を向上させるためには，ベストプラクティスの獲得が不可欠となる．

　このとき，ベストプラクティスの特徴は，ある活動プロセスという文脈に依存するという点にある(Hiebeler et al., 1998)．言い換えれば，ベストプラクティスとは，生産や顧客接点などの特定の場に固有の知である．レイブとウェンガー(Lave and Wenger, 1991)の表現を借りれば，「状況に埋め込まれた知」となる．

　このとき，文脈が類似していれば，ノウハウを利用する意義は大きい．たとえば，顧客ニーズを具現化するプロセスの背後に存在する知は，玩具業界でも食品業界でも援用は可能である．独自のオペレーションを展開し，時間をかけてそれを精錬するよりも，世界で最優秀のノウハウの獲得を目指すほうが，効率的である．卑近な例をあげれば，実戦に役に立たない練習を繰り返しても上達しないスポーツ選手のようなものである．逆説的な言い方になるが，標準的オペレーションが，差別化の重要な鍵を握るのである．

1.4.3　アライアンスによる能力増大

　EMS企業のパワー革新を推進する第2の鍵は，アライアンスによる能力の補強増大である．それは，簡単に言えば，生産能力拡大である．ただし，たんに製造拠点を増加するのではなく，既存の工場部門のM＆Aを精力的に展開していることが重要である．新規投資や既存工場の拡大ではなく，M＆Aにこだわ

る点には，EMS企業の能力増大に対する基本姿勢が見え隠れしている．

　誤解を恐れずに一般化して言えば，EMS企業がM＆Aにこだわる理由は，「経験」に注目するからである．経験を蓄積するには時間がかかる．しかも，その獲得は容易ではない．そのために，M＆Aを行ない，経験に必要な時間を獲得するのである．このとき，経験はコンピタンス醸成に深く関わっている．

　改めて言うまでもなく，EMS企業が精力的にM＆Aを展開している背後には，既存工場のベストプラクティス獲得という意図が見え隠れしている．

　ところが，EMS企業が進展していくためには，ベストプラクティス(製品を実現するコンピタンス)だけでなく，そのコンピタンスを構築する能力の醸成が不可欠となる．

　コンピタンスを構築する能力とは，ノウハウ形成のノウハウ，あるいはメタ知識である．メタ知識とは，ベストプラクティスの背後に潜む文脈を解釈するノウハウである．このようなノウハウを獲得するには，センスが必要である．

　松岡正剛が指摘するように，新聞の見出しを「中曽根前首相がリクルート疑惑で初会見」あるいは「中曽根さんついにしゃべる」さらには「中曽根氏，資料公開を拒否」のいずれにするかによって，微妙な差が出てくる．次元は異なるけれども，工場での生産経験から「何らかの気づき」を感じるかどうかは，このような文脈が大きく依存していることは否めない．ものごとの解釈には，少なからず何らかのバイアスが介在しているからだ．ブラウンとディギット(Brown and Dugid, 2000)の表現を借りれば，「トンネルビジョン」である．トンネルを介してしか，人々は経験を解釈できない．

　いかなるトンネルをもっているのかを解釈するためには，他者の立場から自分自身を冷静に振り返る必要がある．アライアンスは，そのような契機を与えてくれる．M＆Aによって獲得された工場の人々と議論することにより，新しい視点が開けてくる．それが，コンピタンスを生み出す能力を醸成する大きな推進力となる．かくて，多様な視点を得ることにより，ノウハウを生み出す力や解釈力を補強増大することが，EMS企業の第2の課題といえる．

1.4.4 グローバルネットワークによる能力支援

EMS企業における生産能力向上の最後の鍵は，余剰能力のマネジメントである．ERPやMRPなどの情報ネットワーク基盤を構築することにより，どこに余剰があるのかをリアルタイムで把握することができる．一般に，鎖の強さは最も弱い部分に依存するといわれる．余剰能力を把握することは，生産の鎖における弱点を補強することに他ならない．言い換えれば，重要な急激な変化にも迅速に供給能力を応答させる能力を保持するために，生産能力に余裕をもたせるのである．そのためには，グローバルに広がる工場群を電子的に結合し，継ぎ目のないバーチャル工場として機能させることが不可欠である．

つまり，情報ネットワークによる電子的結合だけでなく，状況に応じた臨機応変ないし当意即妙の生産体制を確立することがEMS企業に求められているのである．そのためには，改めて言うまでもなく，メーカーやサプライヤーとの間の柔軟性ある緩やかな連結が不可欠である．電子ネットワークの構築は，このような臨機応変の対応の前提与件となる．それは，結果として，EMS企業の生産能力向上を支援することになる．

以上，EMS企業が進化するための組織対応について論じてきた．このとき，ベストプラクティスやコンピタンス構築能力は，EMS企業のインプットであり，アウトプットである．つまり，これらの能力は，ある生産プロジェクトを促進する力であると同時に，それを通じて形成される力でもある．このとき，これらの能力を変革する鍵は，人である．インプットをアウトプットに変容する過程に関わるのは，現場の人々である．知の変容過程は「知の異質化」と「知の精錬化」に大別できるが，いずれの場合にせよ，そのプロセスに積極的に関与する人々の存在が不可欠である．この限りにおいて，ベストプラクティスというある意味で標準的な手続きに準拠しながらも，その変容ないし深化を促すような創意工夫を加える人材が必要になってくる．即興演奏を行なうには，原曲と舞台の雰囲気を熟知しなければいけない．同様に，知の変容を行なうためには，ベストプラクティスと創意工夫の微妙な組み合わせが必要になる．そのよ

うな人材の確保がESM進化の第4の前提ということができる.

注

(1) フィナンシャル・タイムズ(電子版，2001年4月3日付)によれば，BMWの新型スポーツ用多目的車「X3」の生産プロジェクトを外部委託することで暫定合意したと報じている．同社にとっては初めてのケースである．2002年か2003年初めに生産開始の見通しだという．

(2) サプライチェーンとは「資材の調達から最終消費者に製品を届けるまでの一連の供給活動の連鎖構造」を指す概念である．本書では，この概念をより広く，「製品の設計や開発から最終製品の保守やアフターサービスまでを含んだ事業活動の流れ」として捉えている．このような広義のサプライチェーン概念を，ポーター(Poter, 1985, chap.7)の「バリューシステム」，ベンカトラマン(Venkatraman, 1991)の「ビジネスネットワーク」，伊丹・加護野(1990)の「ビジネスシステム」，ハメル(Hamel, 2000)の「価値ネットワーク」と呼んでいる．

(3) ポーターは，単一企業によって遂行される一連の諸活動を価値連鎖(value chain)，複数企業により遂行される諸活動(価値連鎖どうしの繋がり)を価値システム(value system)とよび，両者を区別している．同様の区別は，ベンカトラマンにも見られる．彼の用語に従えば，単一企業内は「ビジネスプロセス」，複数企業間の繋がりは「ビジネスネットワーク」となる．

(4) 製鋼部，工作機械部，トラック・ボディ部，電装部は，それぞれ，愛知鉄鋼，豊田工機，トヨタ車体，日本電装という独立会社になっている．さらに，販売活動部門を分離し，トヨタ自動車販売を設立し(1950年)，後に再統合している(1983年)．トヨタのケースについては，中橋國藏「垂直統合と企業間関係」(柴田悟一・中橋國藏編『経営管理の理論と実際』東京経済情報出版，1997年所収)を参照した．

(5) ピオリとセブル(Piore and Sabel, 1984)を参照されたい．

(6) 価値の星座(constellation)という概念については，ノーマンとラレーミス(Norman and Raremis, 1988)を参照されたい．

(7) 稲垣(2000), i 頁．

(8) 前掲書, 51頁．

(9) 情報システム部門を中心とするアウトソーシングの事例については，島田(1995；1998)を参照されたい．また，部品の開発や製造については，自動車業界における

製造アウトソーシングが有名である．西口(1999)が詳しい．
(10) アライアンス(提携)については，ルイス(Lewis, 1990)，バーチャルコーポレーションについては，ダビドウ=マローン(Davidow & Malone, 1992)，ビジネスウェブについては，タプスコット他(Tapscott et al., 2000)を参照されたい．
(11) 集中特化のメリットは，①自力で生きていかなければならないという緊張感が生み出される，②独自能力を確立し，強化することができる，③厳しい要求を持った顧客からの情報を自然に集めることができる，④明確な事業のコンセプトを共有し，それにこだわることができるなどである．他方，外部化のメリットは，①市場競争原理をうまく使うことができる，②専門家の力を利用することができる，③企業の伸縮自在性を高めることができる，④仕事をする人々の意欲を高めることができる，⑤仕事のスピードを速めることができるなどがある．詳細については，加護野(1999)を参照されたい．
(12) 価値連鎖，および支援活動の概念については，ポーター(Poter, 1985)を参照されたい．
(13) 2つのSCMについては，バウムガートナーとワイズ「製造業のサービス事業戦略」，『ダイヤモンドハーバードビジネスレビュー』，2000(11)を参照されたい．
(14) ポーターの「5要因モデル」と呼ばれる．5要因とは，参入障壁，代替品の脅威，業界内の既存企業間の競争度合い，買い手の交渉力，売り手の交渉力である．
(15) 中橋國藏「競争戦略」，「競争優位の持続可能性」(中橋・柴田編『経営管理の理論と実際』東京経済情報出版，1997年所収)を参照されたい．
(16) 中橋國藏「競争戦略論の発展」(中橋ほか編『経営戦略のフロンティア』東京経済情報出版，2001年所収)．
(17) リードユーザーについては，ヒッペル(Hippele, 1988)を参照されたい．
(18) この限りにおいて，事業コンセプトとは，構造主義者の主張する「構造」に他ならない．ギデンズの構造化理論を参照されたい．
(19) ドメインの議論については，榊原(1992)が簡潔にまとめている．
(20) 中間業者の排除(inter-mediation)については，ホーケン(1984)，タプスコット(1995)などを参照されたい．
(21) プロデューサーの概念については，神戸大学大学院生の山下勝氏から多くの示唆を得た．
(22) クリエイター集団とパブリッシャーを結びつけ，バーチャル企業として統合する鍵は，共通する価値観の確立と浸透，各主体の協働意欲の醸成，親密なコミュニケーションの確立である．これらの点を指摘したバーナードの慧眼には驚嘆に

値する.
(23) 業界構造変革は,再生(Re-Invention),再構築(Re-Structuring),脱構築(De-Construction)と呼ばれる.このとき,脱構築とは,既存のテキストを新しい視点から読み解き,新しい解釈や構造を浮かび上がらせることを意味する哲学用語に由来し,バリューシステムを新しい視点から読み直し,新しい意義を現出させることを意味する.脱構築の概念そのものについては,今田高俊『モダンの脱構築』中公新書,1997を参照のこと.
(24) コンピタンスではなく,顧客価値を始点に価値連鎖を設計する考え方は,スライウォッキーとモリソン(Slywoltzky,A.J. and D.J.Morrison, 1997)の表現を借りれば,「顧客中心のビジネスデザイン」である.彼らは,コンピタンスに始まり顧客に終わる考え方を逆転させ,顧客を始点,コンピタンスを終点にする連鎖を考えるべきだと主張している.しかし,拙稿で指摘したように,これらは,いずれにせよ直線的イメージで捉えていることに違いはない.むしろ,価値創造プロセスは,顧客に始まり顧客に終わる円環構造として理解するほうが望ましい(古賀, 1999).

参考文献

Bradley, S. and R. Nolan, "Capturing Value in the Network Era Stephen P. Bradley" (in S. Bradley and R. Nolan(Eds), *Sense & Respond*, Harvard Business School Press), 1998.

Brown, J.S. and P. Dugid, *The Social Life of Information*, Harvard Business School Press, 2000.

Davidow, W.H. and M.S. Malone, *The Virtual Corporation*, Happer Collins, 1992. (牧野 昇監訳『バーチャルコーポレーション』徳間書店, 1993年.)

Hamel, G., *Leading the Revolution*, Harvard Business School Press, 2000.

Hawken, P., *The Next Economy*, Ballantine Books, 1984.(斎藤精一郎訳『ネクスト・エコノミー』TBSブリタニカ, 1984年.)

Hiebeler, R., T.B. Kelly and C. Ketteman, *Best Practices*, Simon & Schuster, 1998. (高遠裕子訳『ベスト・プラクティス』TBSブリタニカ, 1999年.)

Hippele, V.E., *Source of Innovation*, MIT Press, 1988. (榊原清則訳『イノベーションの源泉』ダイヤモンド社, 1988年.)

稲垣公夫『EMS戦略』ダイヤモンド社, 2000年.

石井淳蔵『マーケティングの神話』日本経済新聞社, 1993年.

伊丹敬之・加護野忠男『ゼミナール経営学入門(改訂版)』日本経済新聞社，1990年．
加護野忠男『<競争優位>のシステム』PHP新書，1999年．
古賀広志「サービス経営システムの構築」(寺本義也・原田 保編『サービス経営』同友館，1999年所収).
国領二郎『オープン・ネットワーク経営』日本経済新聞社，1995年．
Lave, J. and E. Wenger, *Situated Learning*, Cambridge University Press, 1991. (佐伯 胖訳『状況に埋め込まれた学習』産業図書，1993年.）
Leonard-Barton, D., "Core Capabilities and Core Rigidities," *Strategic Management Journal*, 1998.
Lewis, J.D., *Partnerships for Profit*, Free Press, 1990.（中村元一・山下達哉監修，JSMSアライアンス研究会訳『アライアンス戦略』ダイヤモンド社，1993年.）
中橋國藏「競争戦略」，「競争優位の持続可能性」「垂直統合と企業間関係」(中橋・柴田編『経営管理の理論と実際』東京経済情報出版，1997年所収).
中橋國藏「競争戦略論の発展」(中橋ほか編『経営戦略のフロンティア』東京経済情報出版，2001年所収).
西口敏宏『戦略的アウトソーシングの進化』東京大学出版会，1999年．
Norman, R.A. and R. Raremis, *Designing Interactive Strategy : From Value Chain to Value Constellation*, John Wiley & Sons, 1998.
Piore, M.J. and C.F. Sabel, *The Second Industrial Divide : Possibilities for Prosperity*, Basic Books, 1984.
Poter, M.E., *Competitive Strategy*, Free Press, 1980.
Poter, M.E., *Competitive Advantage*, Free Press, 1985.
Prahalad, C.K. and G. Hamel, "The Core Competence of the Corporation," *Harvard Business Review*, 1990.
榊原清則『企業ドメインの戦略論』中央公論新社(中公新書)，1992年．
島田達巳編『アウトソーシング戦略』日科技連出版社，1995年．
島田達巳・原田 保編『実践アウトソーシング』日科技連出版社，1998年．
島田達巳「企業経営におけるアウトソーシングの本質について」日本経営システム学会誌，No.17-2, 2001年．
Slywoltzky, A.J. and D.J. Morrison, *The Profit Zone*, Time Books, 1997.
Stalk, G. and W. Alan, "Japan's Dark Side of Time," *Harvard Business Review*, 1993.
Tapscoot, D., *The Digital Economy*, McGrow-Hill, 1995.（野村総合研究所『デジ

タルエコノミー』野村総合研究所, 1996年.)
Tapscott, D., D. Ticoll and A. Lowy, *Digital Capital*, Harvard Business School Press, 2000.
Venkatraman, "IT-Induced Business Reconfiguration" in M.E. Scott Morton (ed), *The Corporation of the1990s*, Oxford University Press, 1991.

第2章

ビジネスモデルとしてのEMS

山崎康夫

2.1 EMS登場の契機

　日本の工場が輝きを失いかけている．それは，企画から開発，生産，販売のプロセスを全て社内に垂直統合したビジネスモデルが限界にきているからである．工場が自社ブランドから解き放たれ，製造をコアコンピタンスとして真に自立すべき時がきている．生産現場そのものの競争力によって，工場が自立していく試みがなされようとしている．その決め手がEMSである．

　EMSとは，エレクトロニクス マニュファクチャリング サービスの略で「電子機器製造サービス」のことである．その事業内容は，パソコン，携帯電話などを中心としたあらゆるハイテク製品の量産を受託することである．そして特定企業の下請けではなく，複数のメーカーから同様の製品を受注することによって量産効果を発揮して，利益を生み出すシステムを構築している．

　ここでは，EMSが登場してきた契機について述べてみたい．EMSは，いうまでもなく米国で生まれ成長してきた．1980年代末からの10年間における驚異的な米国産業の復活の要因として，TQM，BPRと共にコアコンピタンスをあげることができる．また，EMS企業のプロフィットゾーンとしては，標準化がしやすい，パソコンや携帯電話などのプリント基板を使用する電子機器分野での製造サービスが主な領域となる．そして，製造業にとって水平統合を導入しバリューチェーンへの変革を図ることが待望され，EMS企業が登場してきたのである．

2.1.1 米国製造業の再生

マサチューセッツ工科大のリチャード・K・レスター教授は,1980年代末に米国の製造業復活のための処方せんを描いた *Made in America* を産業生産性調査委員会の主査として世に送りだした.レスターは,標準品を低コストで大量生産するシステムから撤退し,在庫管理や品質改善などは日本から学ぶべきだと提言し,これを多くの大企業が忠実に実行した.その結果,今日の米国製造業の再生に結びついたのである.

米国企業の強さがまさに絶頂期にある1998年にレスターによって書かれた『競争力──「Made in America」10年の検証と新たな課題』は,1980年代末からの10年間における驚異的な米国産業の復活の要因と現状を考察し,不確実性の時代といわれている新世紀における製造業のベストプラクティスを提示している.製造業のベストプラクティスとしては,TQM,リエンジニアリング等の経営手法,日本的経営につながる従業員第一主義,情報技術の本質的な活用を取り上げている.

21世紀において永続的に成功するであろう企業が有するものは,明確なアイデンティティと戦略,フレキシブルな組織,顧客重視,優れた実行力,さらに,コアとなる価値すなわちコアコンピタンスをもっていることである.製造業の分野で日本に遅れをとった米国が,1980年代になって,経営の発想を変え,飛躍的に効果を上げる新しい日本的経営を超える経営手法を取り上げて復活してきた.

この経営コンセプトがTQM,BPR(ビジネス プロセス リエンジニアリング)やコアコンピタンスである.特に,不確実な環境の変化に対応するためには,企業は顧客に応じて商品やサービスを提供し,顧客満足を追求していかなければならない.そのためには,マーケティングや研究開発に特化する企業と製造に特化する企業とに二極分化した体制を構築し,それぞれコアコンピタンスを実践することが一つの答えとなる.

これにより,柔軟な製造体制,効率的な業務,また迅速な応答だけでなく,

要求される資源をすでに所有している他の企業との戦略的提携を通じて，新しい事業能力を生み出すことになる．このコアコンピタンスの考えを基に登場してきたのが，製造に特化したEMS企業である．

2.1.2 プロフィットゾーンの選択

　プロフィットゾーンは，持続的かつ卓越した収益性で，企業に莫大な価値をもたらす事業領域のことを指す．利益を追求しない企業などはないが，利益が生じる真の背景や理由を理解している企業は非常に少ない．もはや，市場シェア優先の経営戦略では，勝ち残ることは不可能な時代になっている．エイドリアン・J・スライウォッキーは，その著書『プロフィット・ゾーン経営戦略』の中で，「利益」と「顧客」を中心としたビジネスデザインの革新が明日の高収益を約束すると紹介している．

　1990年代には，ビジネスの環境は著しく変貌を遂げた．業界トップの市場シェアを占める企業である，IBM，GM，フォード，USスチール，コダックなどは，市場シェアではなく収益性に焦点を当ててビジネスデザインを改革している．ビジネスデザインの改革は，すなわち新たなビジネスモデルの構築のことである．市場シェア偏重のビジネスを見直し，プロフィットゾーンを中心としたビジネスデザインを再構築するのである．それを実現している卓越した経営者や企業は，リインベーターと呼ばれる．

　変化し続けるビジネスの世界で成功するためには，企業はプロフィットゾーンに参入し，新しい視点のもとでビジネスモデルを再構築するのである．高い収益性の仕組みで重要となるのは，顧客中心の思考である．経営層はリーダーシップを発揮し，ビジネスモデルの再構築，すなわち顧客の選択，価値の獲得，差別化，事業領域の見直しを行なうのである．

　リインベーター企業の代表にゼネラル・エレクトリック（GE）がある．GE社のCEOであるジャック・ウェルチ会長は，いくつかの段階に分けてGEのビジネスモデルを変革させた．ウェルチはソリューションの販売，知識を応用する

企業を考案し,製造業で収益を上げる方法を見出した.

また,米国のマツデン・グラフィック社は,画期的なビジネスモデルにより,ありふれた商業印刷会社から付加価値サービス業へと変革した.リインベーターである社長のドナヒューは,顧客メーカーの販売担当者,マーケティング担当者,そしてプロモーション担当者との間に綿密な関係を築くことにより,印刷事業から脱皮して,多くの他の付加価値を得ることを可能にした.すなわち印刷会社のビジネスモデルを,販促用ディスプレイのデザイン,製造,組立,配布を統括するコミュニケーション管理会社のモデルに変革させたのである.

さらに,ソレクトロン社のリインベーターであるコウイチ・ニシムラは,EMS企業としてのビジネスモデルを,顧客メーカーや部品メーカー,エンドユーザーとのサプライチェーンによる上流から下流までの情報の共有化により構築したのである.このビジネスモデルでは,顧客重視の思想が基本となっている.EMS企業としてのプロフィットゾーンは,まさにコアコンピタンスとして製造専門に徹することであり,その中でも標準化がしやすい,パソコンや携帯電話などのプリント基板を使用する電子機器分野での製造サービスが事業領域となる.

2.1.3 EMSにおけるバリューシステム

マイケル・ポーターは,著書『競争優位の戦略』の中で,バリューチェーンについて以下のように述べている.価値連鎖は,個々の独立した活動の集合体ではなくて,相互に依存した活動のシステムであり,価値活動は価値連鎖内部の連結関係でつながっている.連結関係は,最適化と調整(コーディネーション)により競争優位を導き出す.

またポーターは,統合には垂直統合と水平統合があると述べており,買い手も価値連鎖を持つと述べている.すなわち買い手のために価値を創造することにより,他社との差別化を図れるのである.サプライチェーンが企業活動にとっての重要テーマであったとき,開発から製造,販売にかけてフルラインでその業務機能を持ち,チェーン全体の最適化をどのように構築していくかが課題

であった．製造工程の一部にアウトソーシングを導入したり，販売先と提携することはあったが，いずれにしても大企業のサプライチェーンの一部に組み込まれており垂直統合の一環をなしていた．

ところがライフサイクルの短縮化，要求品質の向上などの環境変化により，サプライチェーンの垂直統合に加えて水平統合の考え方を導入する必要が生じてきた．すなわち商流のサプライチェーン全体の中で，マーケティングや研究開発に特化してコアコンピタンスを目指す企業が見られるようになってきた．従来から工場を持っていた企業でも，ここにきて工場を切り離す動きが現れてきた．その代表的な企業がソニーである．

マーケティングや研究開発に特化する企業の生産の受け皿がEMS企業であり，製造を中心に生産設計，配送などを受け持ち，さらに流通サイドとも情報共有することによって，水平型サプライチェーンを構築している．この水平統合の導入を，サプライチェーンからバリューチェーンへの変革と位置づけることができる．バリューチェーンは，買い手(エンドユーザー)のために価値を創造する．水平統合することにより，工場は複数の研究開発型企業から受注することができる．すなわち類似製品の受注により標準化が図られ，設備，ノウハウ，部品の共通化を図ることができ，コストを下げることができる．

またEMS企業は，販売サイドやエンドユーザーの意見・要望の情報を吸い上げ，顧客メーカーに伝えることにより，顧客要望に沿った製品開発がなされ，売上やシェアが向上する．すなわちバリューチェーンマネジメントでは，常に消費者の視点に立って判断することにより，チェーン全体が利益を生み出す方法を考えることがポイントとなる．水平統合を導入しバリューチェーンへの変革を図ることは，EMS企業にとって，まさにビジネスモデルの構築と位置づけることができる．

2.2　ビジネスモデルとしてのEMS

EMSとしてのビジネスモデルとは，従来からある本社と工場の関係ではなく，

本社から独立し，多数のメーカーと取引関係を結ぶことにより，その専門性を有効に発揮していくモデルである．EMS企業と顧客メーカー，部品メーカー，エンドユーザーとの水平統合の関係は，まさにビジネスモデルそのものである．

また製造業のビジネスモデルとしての位置づけを，EMS，OEM，ファブレス，アライアンス(垂直提携)の4つのタイプにより説明をするとともに，EMSにおけるサプライチェーンの進化について述べることにより，その性格を明確にするものである．

ここでは，EMS型ビジネスモデルにいたるまでのサプライチェーンの進化の過程を説明している．それは，アウトソーシング型ビジネスモデルから垂直統合型ビジネスモデルを経てEMS型ビジネスモデルへの変遷である．EMS企業は，上流から下流までのサプライチェーンを提供することにより，顧客メーカーに新次元のサービスを提供している．

2.2.1 ビジネスモデルとは

21世紀において，マーケティング環境の変化や技術革新が進む中で企業が競争力を保持していくためには，経営資源を外部から調達し，適切な経営資源を組み合わせていくことが不可欠である．この経営資源の組合せにより，新分野への進出，新製品の開発，必要なノウハウの取得が可能となる．

バリューチェーンは，企業に最大利益をもたらすために，商流の組合せを設計する．いわゆる新しいビジネスモデルの構築であり，環境の変化によってフレキシブルに組み替えられる．従来の一社主導のモノづくり志向では，この消費者主導の流れの中では限界が見えてきている．特にベンチャー企業や中堅・中小企業にとっては，ビジネスのプロセスを見直し，新しいアイデアでビジネスモデルを構築していく絶好の機会が到来している．

このビジネスモデルを構築するのに，最も重要なのがプロセスのアイデアである．今までのように，二番手戦術で他社の真似をしていたのでは通用しない時代がきている．さらにインターネットの進展が，ビジネスモデルを大きく変

貌させている．そして独創的なベンチャー企業や個人が，日々ビジネスモデルを新しく作り出している．

EMSにおいても，EMS企業と顧客メーカー，部品メーカー，エンドユーザーとの関係は，まさにビジネスモデルそのものである．EMSは，従来からある本社と工場の関係ではなく，本社から独立し，多数のメーカーと取引関係を結ぶことにより，その専門性を有効に発揮していく考え方である．生産性の高い工場がEMSの競争力となるが，その事業内容は，プリント基板などの製造だけではなく，新製品の設計支援，部品調達，製品配送，販売後の修理までを請け負い，SCMビジネスモデルを駆使し，顧客とのパートナーシップを構築している．

一方，工場を切り離した企業は，製造コストを変動費に切り替え収益改善を果たしている．開発と販売に特化し，EMSとパートナーシップを構築し，競合他社との競争を勝ち抜く戦略である．研究開発やマーケティングをコアコンピタンスとし，生産はEMSに任せるビジネスモデルがスピードとコスト競争力を生み出している．

またEMS工場は，必ずしも自国に置いておく必要はない．市場が海外にあれば，海外で生産するほうが効率のよいことは明らかである．物流費や生産リードタイムの点で有利だからである．実際に，ソレクトロン社は，工場を買収して，生産拠点を世界中に広げている．これもEMS企業におけるビジネスモデルの一つである．

2.2.2 EMSの位置づけ

EMSは，モノづくりのプロセスの中で，最上位のビジネスモデルとして位置づけられる．ここで，製造専門会社としてのビジネスモデルは，EMS，OEM，ファブレス，アライアンス（垂直提携）の4つに区分される（図2-1）．

横軸に顧客の多様性，縦軸に戦略性をとったとしよう．顧客の多様性があるということは，研究開発型企業である顧客が2〜3社に特定されているのではなく，同業種の複数の顧客を対象にしているということである．また戦略性があ

戦略性	YES	垂直提携 （アライアンス）	EMS
	NO	OEM，ODM	アウトソーシング （ファブレス）
		NO	YES
		顧客の多様性	

図2-1　EMSの位置づけ

るということは，サプライチェーンとしての全体最適を，顧客メーカーと連携して実現させるということである．ここでは4つのビジネスモデルについて順に説明していく．

　OEM(Original Equipment Manufacturing)型ビジネスモデルは，相手先商標製品または相手先ブランド販売とよばれ，製造業においては以前から行なわれてきた．OEMの場合は，基本的に自社ブランドを持ったメーカーが，製品のラベルだけを相手先のものに貼りかえる．それに対して，EMS企業は自社ブランド製品を一切持たず，設計なども委託メーカーの指示に従うのが特徴である．

　マーケティング上，自社ブランドで販売するよりも，相手先ブランドで販売したほうが得策と判断すれば，OEM先に完成品を供給するのである．OEM用ハードウェア製品は，OEM先のシステムに合わせてカスタマイズされているのが普通である．OEM供給元企業は，顧客（供給先企業）との関係は少数に限られており，サプライチェーンとしての戦略性としても薄い．

　OEMに近い概念にODM(Original Design Manufacturing)があり，自社設計の相手先ブランドによる生産であり，OEMとの違いは，自社での製品開発サービスが追加されたことである．ODMは台湾企業に多くみられ，コンピュータや周辺産業の成長に大きくかかわっている．またODM企業は，自社のブランドでは製品を売らないことが特徴である．

　現在，台湾はOEM供給を含むパソコン本体で世界全体の約40％，マザーボード，モニターは50％以上のシェアを占めている．台湾でコンピュータのODM

企業が成長した要因としては，中小企業が多く，フレキシブルな分業が形成されている台湾の産業構造が，製品サイクルの短いコンピュータ産業に適していることがあげられる．また，電子機器製造のみを受託し，半導体開発に要する巨額の研究開発費を必要としないこと，また人件費が日本の4割，韓国の6割程度に抑えられていることも大きな要素となっている．

日本や韓国が，大手企業による一貫集中生産を基本としているのに対し，台湾は個々の中小企業単位が産業発達の基礎である．したがって，国内の企業間競争が激しいこと，また徹底した分野別分業が，より一層企業へのコスト削減圧力を強め，台湾企業のコスト競争力の向上をもたらしたのである．台湾の分業体制が，欧米半導体企業で進む製造のアウトソーシングのニーズと合致したことにより，欧米の最先端の製品開発に接し，情報や技術を積極的に導入できた．また米国シリコンバレーなどから優秀な技術者の帰国と起業の増加が，ODM企業の成長の要因となっている．

アウトソーシング型ビジネスモデルとは，ある分野で強い力を持った企業が，アウトソーシングを活用することによりビジネスモデルを築き，最終的に顧客に商品やサービスを提供するシステムである（図2-2）．製造のアウトソーシン

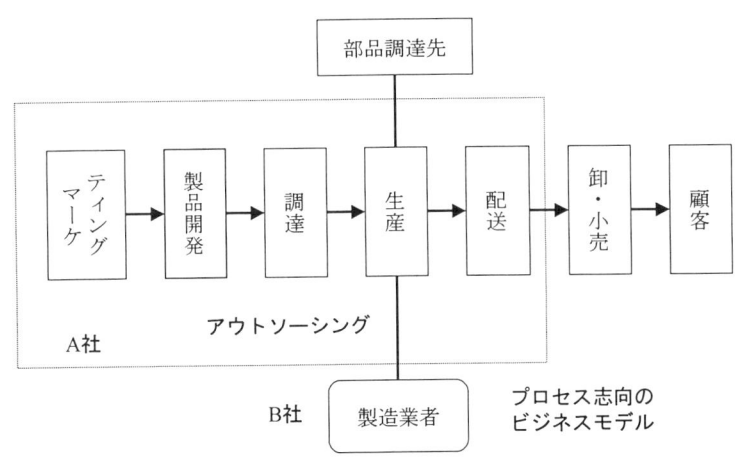

図2-2　アウトソーシング型ビジネスモデル

グのことをファブレス(fab-less)と呼ぶ．ファブレス企業とは，企画・設計だけを行ない，製造工場を持たないメーカーのことである．一方で，ファブレス企業の生産部門を担当するのが生産専門工場である．

この場合，生産指示はファブレス企業が行ない，生産専門工場はあくまでもアウトソーシング先という立場で生産する．また生産専門工場は複数のファブレス企業を顧客に持っているが，上流から下流までのサプライチェーンについては，積極的にかかわることがない．

一方，垂直統合型ビジネスモデルとは，ある分野で強い力を持った企業と企業が垂直提携をし，経営資源を補い合いながらビジネスモデルを築くシステムである(図2-3)．垂直統合とは，いわゆる垂直型提携であり，まさに調達，開発，生産，マーケティングなどの事業のつながりを実現するものである．

垂直統合型ビジネスモデルにおいても，ファブレス企業から生産委託を受ける生産専門工場が存在する．生産専門工場は，製造技術，試験・検査，生産設計などの後工程に強みがあり，一方で研究開発型企業は，企画力，研究開発，基本設計などの前工程に強みがある．双方の企業が垂直提携することで，互いの弱みを補完しながら，強みをよりいっそう生かすことができる．

これを垂直型サプライチェーンと呼ぶこともでき，アウトソーシング型ビジ

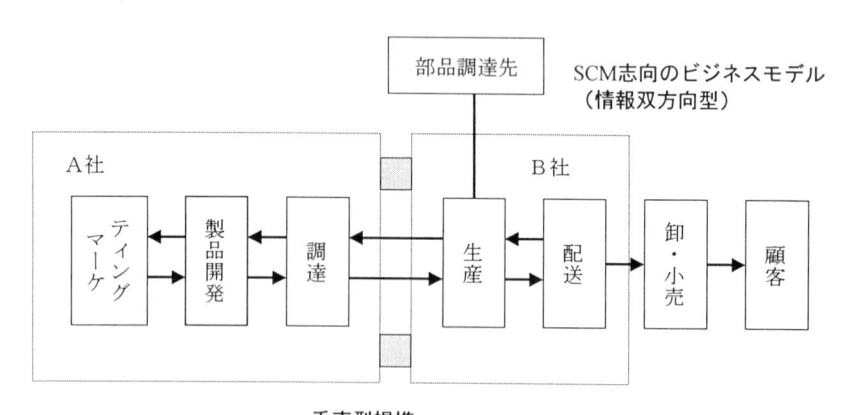

垂直型提携

図2-3　垂直統合型ビジネスモデル

ネスモデルと比較すると,企業間でパートナーシップの形態を取り,サプライチェーンとしての全体最適を目指している.ただし顧客の多様性という面では限られている.

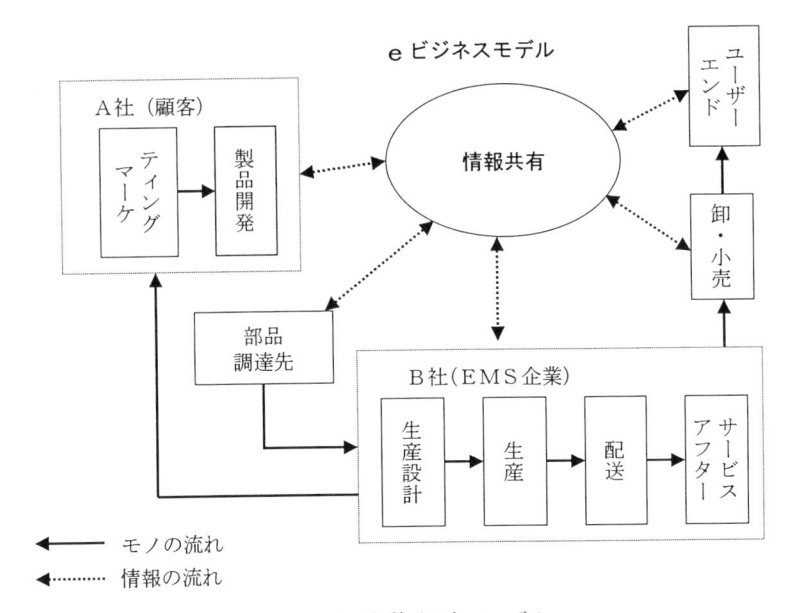

　EMS型ビジネスモデルとは,製造だけではなく,生産設計から配送,アフターサービスまで請け負う独立した工場が,顧客メーカーや部品調達先,エンドユーザーなどと情報の共有化を図り,水平型ビジネスモデルを築くものである(図2-4).従来,水平型ビジネスモデルは,情報交換コストが高くつくというデメリットがあったが,インターネットなどの情報システムの普及により問題ではなくなってきた.

　EMS企業は,サプライチェーンの全ての要素を顧客に提供するものである.そして多数の顧客を相手にし,EMS企業としてのノウハウや専門性を生かして,生産性の向上,スピード,コスト削減を実現するものである.このようにEMS型ビジネスモデルは,戦略性を持つことでサプライチェーンを構築し,多様な

図2-4　EMS型ビジネスモデル

顧客を対象に業績を伸ばしている.

2.2.3 EMSにおけるサプライチェーンの進化

　商品が一般消費者に供給される流れは，開発，調達，生産，配送，販売となっており，それぞれサプライヤー(仕入れ先)，メーカー，卸売業者，小売業者，消費者が順に関係している．こうした商品供給に係わる関係者のつながりをサプライチェーン(Supply Chain)と呼ぶ．

　従来はメーカーならメーカーだけの効率化を目指していればよかった．しかし，ライフサイクルの短縮化に伴い，売れていた商品が急に売れなくなったときに各ストックポイントで在庫がたまり，返品により企業収益を圧迫することが，最近見受けられるようになってきた．これを打破するために，前述したサプライヤーから消費者までの全体最適化を行ない，情報技術の活用を図りながら構築していくSCM(Supply Chain Management)手法がでてきた．

　ここでは，EMS型ビジネスモデルにいたるまでのサプライチェーンの進化の過程を説明する．それは，アウトソーシング型ビジネスモデルから垂直統合型ビジネスモデルを経てEMS型ビジネスモデルへの変遷である(図2-5)．

　アウトソーシング型ビジネスモデルは，前述したように，ただ単に製造機能

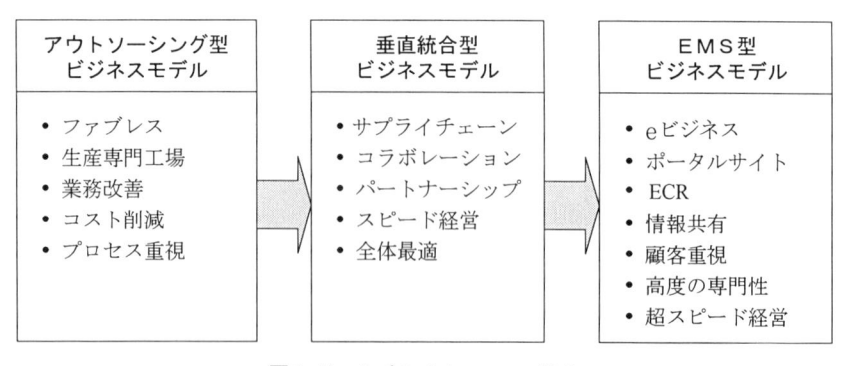

アウトソーシング型 ビジネスモデル	垂直統合型 ビジネスモデル	EMS型 ビジネスモデル
・ファブレス ・生産専門工場 ・業務改善 ・コスト削減 ・プロセス重視	・サプライチェーン ・コラボレーション ・パートナーシップ ・スピード経営 ・全体最適	・eビジネス ・ポータルサイト ・ECR ・情報共有 ・顧客重視 ・高度の専門性 ・超スピード経営

図2-5　サプライチェーンの進化

を供給するだけの役割を担っており，どちらかというとプロセス重視の意味合いが強かった．したがって上流から下流までのチェーンを意識することはなく，企業間での情報の共有化も進んでいなかった．

垂直統合型ビジネスモデルとは，垂直型サプライチェーンと呼ぶこともでき，アウトソーシング型ビジネスモデルと比較すると，企業間でパートナーシップの形態を取り，全体最適を目指している．しかし，この場合のファブレス企業は設計やアフターサービス体制は持っておらず，またエンドユーザーとの情報の共有化は不足している．すなわちあくまでも垂直型のチェーンであり，水平型の分業構造に比べ，専門性の活用という面で十分ではない．

EMS型ビジネスモデルとは，サプライチェーンの全ての要素を顧客メーカーに提供するものである．これを水平型サプライチェーンと呼ぶこともでき，垂直統合型ビジネスモデルと比較すると，企画・研究開発型企業である顧客に対して，ポータルサイトなどの情報手段を提供し，上流から下流までのチェーンを効率的に築くものである．情報としては，設計情報，部品調達情報，生産情報，在庫情報，販売店情報，エンドユーザー情報などがある．この水平間での情報共有は，顧客重視，高度の専門性，超スピード経営というキーワードで表現することができる．

またEMS型ビジネスモデルとしては，製造のみならず設計，部品調達，配送，ユーザー情報収集，アフターサービスなどソフト的な領域にまでその業務を拡大している．EMS企業はもはや製造委託の域を完全に超えており，上流から下流までの全てのサプライチェーンを提供することにより，顧客メーカーに新次元のサービスを提供している．

2.3 5つのEMS型ビジネスモデル

EMS型ビジネスモデルの特徴としては，サプライチェーンによる上流から下流までの情報の共有化であるが，ここでは，5つのEMS型ビジネスモデルについて説明していく．これらのビジネスモデルは，前述したようにサプライチェー

ンを構築し，全体最適化を図っている．

従来は，企業内だけでの最適化が進められてきたが，個々の部分最適の活動を統合しても全体の最適化には至らないのである．そこで，サプライチェーン上の業務と企業間関係を統合的にとらえて情報技術の活用を図りながら，全体の最適化を実現することになる．

すなわち，サプライチェーンの全体最適化を考えるためには，企業間での協力関係，企業どうしのアライアンスが重要となる．SCMとは，企業間のアライアンス(提携)のもとで，相互の企業と消費者すべてに利益をもたらすために全体の効率化に取り組むことである．このようにEMS企業にとってのSCMは，顧客メーカーとの企業間における開発，調達，生産，配送，販売を通した水平型の統合を主体にすることで，チェーン全体の最適化を図っている．

2.3.1 EMS型ビジネスモデルの類型

ここでは，ポータル型ビジネスモデル，サプライ型ビジネスモデル，デマンド型ビジネスモデル，コラボレーション型ビジネスモデル，ダイレクト型ビジネスモデルの5つのEMS型ビジネスモデルについて説明する(図2-6)．

ポータル型ビジネスモデルは，EMS企業が中心となり，企画，開発，調達，生産，配送，販売のサプライチェーンにおいて，ポータルサイトなどで情報共有を図り，品質や生産性の向上を実現していくものである．EMS企業は，ポータルサイトなどの情報手段を提供し，上流から下流までのチェーンを効率的に築いている．

サプライ型ビジネスモデルとは，主にEMS企業と部品供給業者，顧客メーカーが情報を共有するものであり，サプライサイドの効率を追求していくものである．一方，デマンド型ビジネスモデルとは，主に卸・小売とエンドユーザーから情報を得て顧客メーカーに提供することであり，デマンドサイドの情報を重要視している．いずれもEMS企業は，情報手段を提供し，上流と下流においてチェーンを効率的に築いている．

第2章 ビジネスモデルとしてのEMS　　　**69**

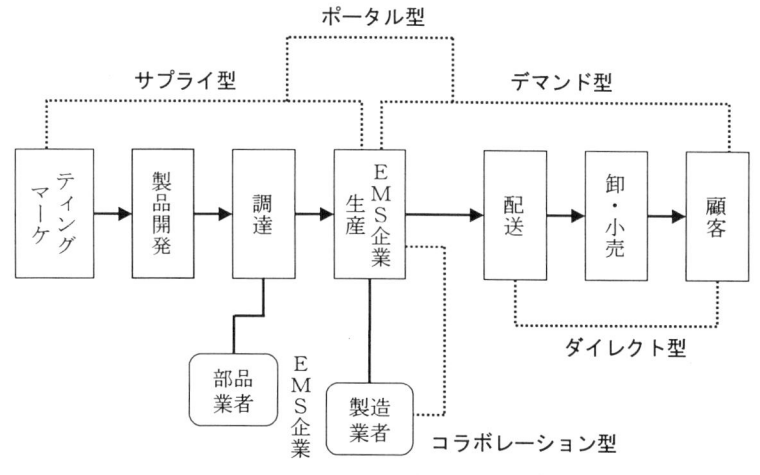

図2-6　5つのEMS型ビジネスモデル

　また，コラボレーション型ビジネスモデルとは，EMS企業どうしが協力しあい，共同受注や共同購買，共同配送を行なうことにより，EMS企業としての効率化を図ることである．EMS企業間のみならず，顧客メーカーや部品メーカーと情報共有し，水平型チェーンを築いている．

　最後にダイレクト型ビジネスモデルとは，エンドユーザーから卸・小売を通さずに直接，顧客メーカーに受注がくると，それがEMS企業に伝達されてエンドユーザーに直接配送される．このモデルは，EMS企業，顧客メーカー，エンドユーザー間の情報共有を図っている．

　このようにEMS企業は，その企業特性にあったビジネスモデルを選択して実施することにより，効果的に品質や生産性を向上している．

2.3.2　ポータル型ビジネスモデル

　EMS企業における情報共有の実現方法として，ポータルサイトを挙げることができる．もともと「ポータル」という言葉はインターネット上における「入口，玄関」という意味を持つもので，「Webを利用する際に入口となるサイト」

として，BtoC向けにサービス提供がなされてきた．ポータルサイトはBtoB向けにも利用が可能で，EMS企業が上流から下流までのチェーンの中心となり，企画・研究開発型企業である顧客メーカーに対して，エンドユーザーに関する情報共有を実現する手段となる．

すなわちポータル型ビジネスモデルは，EMS企業が中心となり，企画，開発，調達，生産，配送，販売のサプライチェーンにおいて，ポータルサイトなどで情報共有を図り，品質や生産性を向上していくものである．

金型部品メーカーのミスミは，中小製造業向けに電子商取引を含むプロバイダー事業を行なっている．MOL（ミスミ・オンライン）といい，ここで同社はポータルサイトを立ち上げている（図2-7）．それは，特定の業種・業態などに照準をあわせた専門特化型のポータルサイトである．

MOLでは中小製造業のユーザーに，以下の3つのサービスを提供している．1つは，パソコン販売，ネット接続サポート，Webサイト構築・運用・管理委

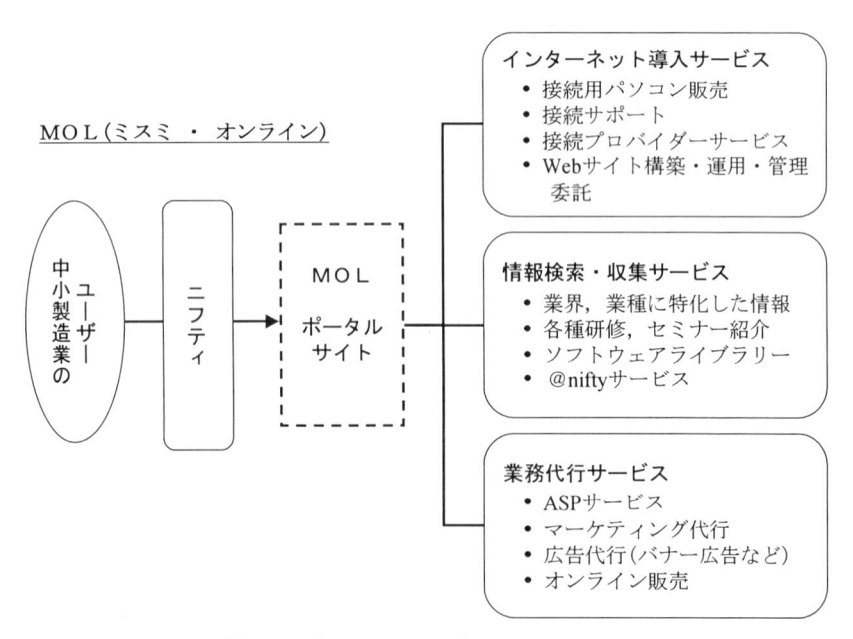

図2-7　ポータルサイト型ビジネスモデル

託を含むインターネットサポート事業．2つは，技術・研究情報，各種研修・セミナー紹介，ソフトウェアライブラリーをはじめとする情報検索・収集サービス．3つは，ASPサービス，マーケティング代行，広告代行，オンライン販売，人材紹介等の業務代行サービスを展開している．

もちろん，金型のカタログに関する情報を提示し，ユーザーの要望なども取り込めるようになっている．ミスミは中小製造業を顧客としたEMS企業であり，ポータルサイトを提供することにより，顧客に付加価値のあるサービスを提供している．

2.3.3 サプライ型ビジネスモデル

サプライチェーンの上流におけるEMS型ビジネスモデルとしては，EMS企業と顧客メーカー，部品メーカーとの情報のチェーンをあげることができる．サプライ側として，いかに効率よくモノづくりをするかの答えが，上流のSCMの構築である．つまりサプライ型ビジネスモデルとは，主にEMS企業と部品供給業者，顧客メーカーが情報を共有するものであり，サプライサイドの効率を追求していくものである．

日立製作所は，企業間SCMを実現するソリューションサービスとして，オープンなインターネット環境で企業間の情報共有を支援する，企業間ビジネスアプリケーションサービス「TWX-21」を構築している(図2-8)．特に，企業間のSCM実現にあたっては，数百から数千の取引先との電子化を早期に，かつ安全に実現することが重要となる．

TWX-21では，暗号や認証処理などのセキュリティ(安全性)基盤上に，調達・販売・決済業務支援サービスや，取引先を含めた企業間システムのソリューションを提供している．日立製作所は，取引先1,200社を独自の電子商取引システムTWX-21で結び，全購買額の約8割をネット調達できる体制をととのえている．さらに日立金属や日立電線などと「ネット調達センター」を新設し，アルミや半導体などの汎用性の高い部品，資材を共同発注することで取引先を集

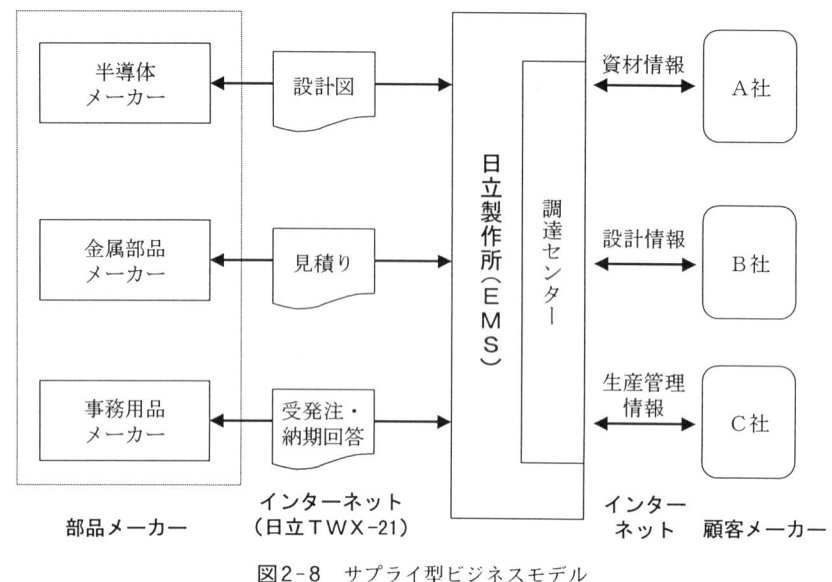

72　第Ⅰ部　EMSのもつ意義と本質

図2-8　サプライ型ビジネスモデル

約し，価格低減を実現させている．

　またTWX-21により，市場変化の早期把握，影響先へのリアルタイムな変更指示が実現できる．日立製作所はEMS企業として，販売・物流―設計―生産・調達―決済に至る過程で，得意先や仕入れ先など企業間のリアルタイム情報共有・交換により，効率的な企業間SCMを実現している．

2.3.4　デマンド型ビジネスモデル

　近年，世界中で，消費者や市場の様相が大きく変化しつつある．中でも，最も顕著な変化として注目を浴びているのが，消費者の間で「一貫した品質と価値」を求める傾向が強まっていることである．これまでのように価格の変動に購買行動が左右されるのを好まず，いつでも買いたいときに，一貫した価値をもたらす，納得できる価格で買える市場環境を求める消費者が増えている．

　デマンド型ビジネスモデルとは，主に卸・小売とエンドユーザーから消費者

の市場情報を得て，顧客メーカーに提供するシステムである．つまり，デマンドサイドの情報を重要視することにより，デマンドチェーンを築くことにある．

すでに先進的な小売店では，カテゴリーマネジメント，POS情報，作業ごとにコストを明確化するABC(活動規準原価計算方式)などを駆使して，買物客が満足を得られるようにサービスの向上を目指している．製品が消費者にわたるまでのトータルな流通システムの流れの中で，非効率なやり方を排除し，ムダなコストを削減することで，優れた消費者価値を提供していく，これがECR(Efficient Consumer Response)の基本的な考え方である(図2-9)．

すなわちECRとは，顧客メーカー，EMS企業(製造業)，卸売業，小売業の4者が，商品の販売情報や在庫情報を共有し，物流システムを標準化することにより，販売拠点における在庫を削減し，欠品を防止するためのシステムである．すなわちデマンドチェーンとして機能し，下流におけるEMS型ビジネスモデルを構築している．EMS企業として，顧客メーカー，卸売業，小売業と物流・情報ネットワークを構築し，取引きの透明性を高めることにより，商品価格の変

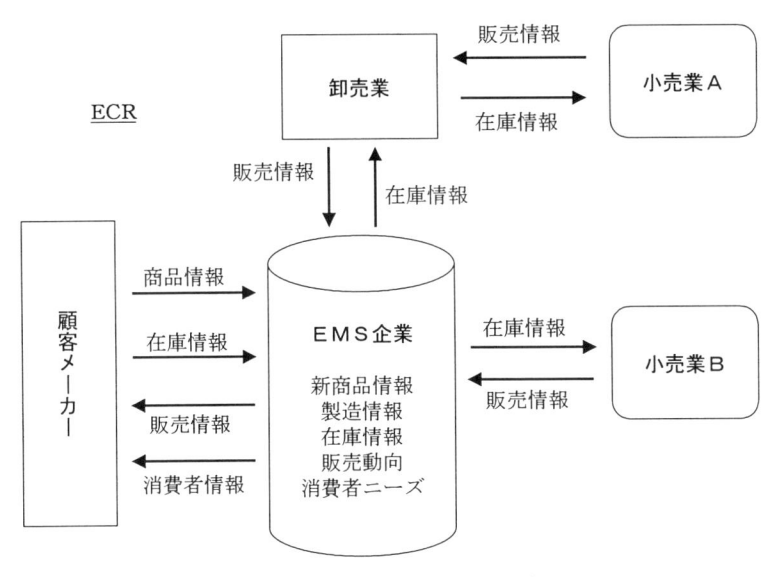

図2-9　デマンド型ビジネスモデル

動を抑え，優れた消費者価値を提供していく．

　ECRの成功のポイントを考える上で，従来の競争一辺倒から，協調と競争への変化を挙げることができる．特に業界インフラの構築や企業間でのビジネスプロセスについての効率性の観点から，標準化と協調が必要とされている．

　すなわちECRのコンセプトは，メーカー，卸，小売が協力し，付加価値を生まない活動とコストを排除することによって，消費者満足を最大化することである．例えば小売側のPOS（ポイントオブセールス）の情報をメーカー，卸売にも共有することで，リアルタイムで最適な商品補充が可能となり，商品のコスト低減や在庫削減，欠品の防止が図られる．

　ECRを成功させるためには，原料調達からメーカー，EMS企業，卸売店，小売店に至るサプライチェーンのすべてのメンバーが，相互にパートナーとして協力しあえるかどうかが重要なポイントとなる．またECRの推進においては，担当レベルの取組みだけでなく，企業トップ自らが先頭に立ち企業どうしのパートナーシップを構築していく必要がある．

2.3.5　コラボレーション型ビジネスモデル

　EMS企業は，単独の企業だけではなく，複数の企業群をネット上に形成して，顧客メーカーにサービスするプロデュース戦略を構築する場合がある．これをeコラボレーションと呼び，同一業界の複数の企業がネット上で共同体を結成し，ネット上での共同事業を行なうシステムになっている．

　共同事業には，EMS企業群による，共同研究，共同購買，共同受注，さらには顧客向けの情報提供などがある．eコラボレーションは，インターネットを利用した水平統合型ビジネスモデルと呼ぶこともできる．顧客向けの共同での情報提供では，ネットワークを運営するコーディネーターが携わる場合が多く，情報提供元から収益を得るシステムとなっている．

　東京都北区のスクリーン印刷業者を中心とした，インターネットを利用した情報ネットワークシステム「Mag-Net」は，同業種におけるeコラボレーショ

第2章 ビジネスモデルとしてのEMS　　　　　75

```
Mag-Net              顧客      顧客      顧客
                    メーカー   メーカー   メーカー
                       ↕       ↕       ↕
                       アクセス

各専門分野を持つ
スクリーン印刷業者
                  ┌─────────────────────────────┐
                  │  アパレル  ステッカー  パッケージ  文具  │
                  │                                       │
                  │  雑貨    弱電   サイン・ネーム  成形印刷 │
                  │                   プレート             │
EMS企業群          └─────────────────────────────┘
                              ↕                顧客／EMS企業群
                           イントラネット
                         材料      2次加工
                        メーカー   メーカー
```

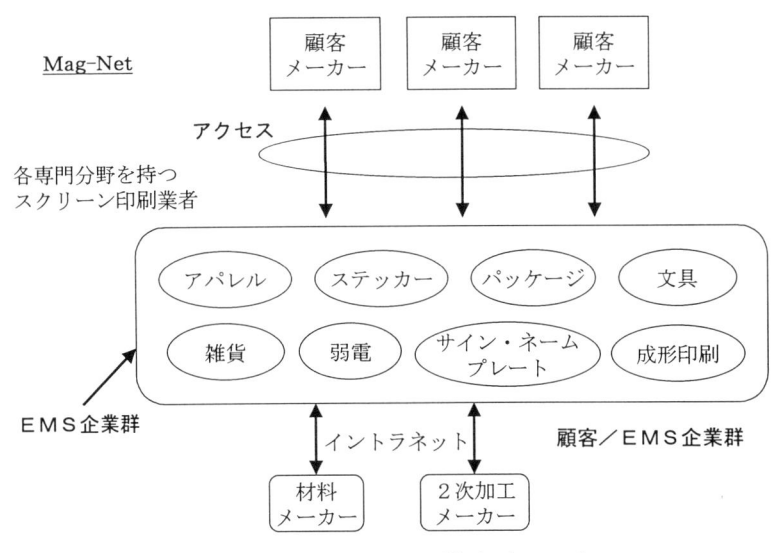

図2-10　コラボレーション型ビジネスモデル

ンを実施している(図2-10).アパレル,ステッカー,パッケージ,文具,雑貨,弱電,サイン・ネームプレート,成形物への印刷など,それぞれ特異な分野をもつスクリーン印刷業者がパートナーとしてEMS企業群を形成している.インターネットを利用して製品,技術,サービスなどの情報を発信し,顧客メーカーからの企画,技術,製品などの相談窓口を開設している.

　ネットワーク内において参加企業が個別に顧客からの相談に応じ,受注に結びつけるシステムである.あくまでユーザーとメーカーの出逢いの場を作ることを目的とし,メンバーの技術協力によって品質やサービスの向上を図り,スクリーン印刷の受注の拡大を狙いとしている.Mag-Netとして出逢いの場を作った後は,ほとんどプロジェクトにはかかわらない.したがって共同受注のための緩やかな結びつきということができる.

　このEMS企業群は,ネットワークを利用してメンバー企業どうしで,新商品の企画や開発も行なっている.最近では塩化ビニルを使用しない薄型マウスパットに印刷を行ない,企業の宣伝ツール用として開発した.このアイデアはイ

ンターネットからの相談窓口として得られたものである．Mag-Netにとって，インターネットを利用したeコラボレーションは，新しい発想，新しい商品を生み出す原動力になっている．また，スクリーン印刷業界が関わる材料メーカーや二次加工，三次加工業者ともインターネットにより情報共有化を行ない，幅広いモノづくりネットを実現させている．

2.3.6 ダイレクト型ビジネスモデル

ダイレクト型ビジネスモデルとは，エンドユーザーから卸・小売を通さずに直接，顧客メーカーに受注がくると，それがEMS企業に伝達されて商品を製造し，エンドユーザーに直接配送される．このモデルは店舗を必要としないため，製造業者が直接消費者に商品販売を行なうことでコストダウンが可能となる．

このような直接販売方式の導入は，販売時の中間コスト削減をもたらすとともに，消費者の注文を受けてから製品を生産するという受注生産(BTO：Built To Order)を可能にした．消費者にとってのBTOのメリットは，自分の必要とする仕様の製品が注文可能になることや，安い価格で購入できることにある．一方，製造業者にとっては，在庫を常時抱える必要がなくなるため，在庫管理コストを低く抑えることが可能になり，また常に最新の製品を販売できるようになる．

EMS企業としては，顧客ニーズの多様化を反映した商品の多品種化・短ライフサイクル化により，時間当たりの生産量を追求する生産効率追求型から，変化する品種・需要にフレキシブルに対応できる市場対応型にシフトしていく必要がある．その一つの手段がBTOである．

例えば，パソコン生産工場では，製品を生産し，顧客の注文を受けて出荷する従来の販売方法では，ユーザーのニーズに合わせて，CPUやハードディスク，メモリなどの構成が異なる数種類のモデルをラインアップしておき，かつ，製品の在庫量が必要以上に増えないように，顧客の購買動向を的確に予測して，生産を調整しなければならなかった．

BTO方式は，主にダイレクトマーケティング(通信販売)を展開するPCメーカーで採用されている．具体的には，ベースとなる部品(シャーシ，マザーボード，CPU，メモリ，ハードディスクなど)を用意しておき，顧客の要望に沿った構成で部品を組み上げて出荷することになる．これにより，完成品の在庫を持つことなく，ユーザーのニーズにきめ細かく対応することが可能となる．

また，受注生産方式であるCTO(Configuration To Order)方式も同時に採用されている．CTOは，標準製品でなく，基本製品を用意しておき，エンドユーザーが注文する仕様に応じて基本製品に周辺装置を追加したり，ソフトをインストールして製品を組み立てる方式である．

BTOやCTO方式は，EMS企業にとって大きなメリットをもたらす．最大のメリットは，製品在庫，流通在庫を削減し，在庫コストを低減できることにある．見込みによる在庫生産・販売方式は，需要予測に基づき，あらかじめ決められた数量を生産して製品を販売する方式であった．パソコン市場は，ライフサイクルがきわめて短く，見込み生産方式だと大量在庫を抱える可能性があった．そのためにEMS企業は，BTOやCTO方式を導入し，生産リードタイムを短縮し，過剰在庫をいっさいもたない手段をとっている．

米国のデル・コンピュータは，直接販売方式とBTO方式に，インターネットを融合して成功した事例として有名である．同社は，1984年の創業以来，消費者との間に仲介業者などを介さない直接販売方式を採用し，生産でも早くからBTO方式を導入してきた．

さらに他社に先駆けてインターネットの利点に着目した同社は，1996年にWWWを新たな販売経路として導入し，インターネット上でも製品を希望の仕様で注文できるようにした．直接販売の強みを生かして，同社は競合他社の製品と比較して約10～15％低い価格で販売することに成功しており，インターネット販売によって企業活動全般がさらに効率化された．

ここでインターネット経由での直接販売形式を説明する(図2-11)．既存の流通モデルでは，卸売業者，販売店を通して消費者に商品が渡っていた．これに対してデルモデルでは，消費者からインターネットで注文を受けると，製造部

第Ⅰ部 EMSのもつ意義と本質

既存の流通モデル

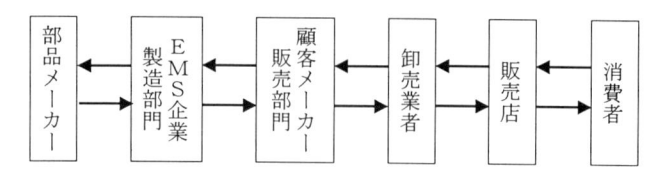

部品メーカー ← → EMS企業製造部門 ← → 顧客メーカー販売部門 ← → 卸売業者 ← → 販売店 ← → 消費者

デルモデル

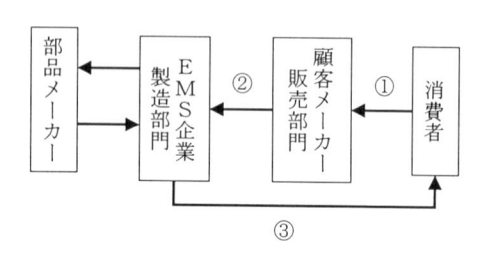

部品メーカー ← → EMS企業製造部門 ←②→ 顧客メーカー販売部門 ←①→ 消費者
③

図2-11 ダイレクト型ビジネスモデル

門にオンラインで生産依頼をし，工場から物流センターを経由してダイレクトに消費者に納品するシステムである．この間，消費者はネット上で注文した品物の生産，物流状況を検索できるようになっている．

2.4 未来のEMS型ビジネスモデル

今までEMS企業にとってのビジネスモデルを述べてきた．その進化の形態としては，アウトソーシング型から垂直統合型，EMS型ビジネスモデルについて紹介してきた．またEMS型ビジネスモデルとしては，ポータル型，サプライ型，デマンド型，コラボレーション型，ダイレクト型の5つのタイプがあり，このモデルについて説明してきた．

今までのEMS企業は，これらのビジネスモデルを構築することにより，効率的な経営をしてきた．しかし21世紀のEMS企業は，これらのビジネスモデルに加えて，2つの視点から考慮していく必要がある．2つの視点とは，情報シス

テムの導入とプロデュース戦略であり，具体的にはERPによるSCMの導入と戦略プロデューサーとしてのSCMの構築である．ここでは，未来のEMS型ビジネスモデルについて述べていく．

2.4.1　先進EMS企業におけるERP導入

メガEMS企業において，ERP（Enterprise Resource Planning）を導入するケースが増えてきた．ERPとは，企業の基幹業務システム全体を統合したパッケージソフトであり，人事管理，財務管理，販売管理，生産管理，物流管理などの機能をもったソフトウェア群から構成される．パッケージ内に標準ビジネスプロセスをもっており，これに自社の業務プロセスを合わせることでベストプラクティスを実現できるとしている．

ERPの前身は，MRP（Material Requirement Planning）であり，初期のEMS企業は工場の生産性を高めるため，必要な資材を必要なタイミングで手配するシステムを導入していた．このMRPは，資材所要量計画だけでなく，その周りの業務，例えば製造設備や生産活動に携わる人員計画，生産物の販売・物流計画などができるようになっている．

EMS企業は，顧客が多様であり，しかも配送などの関連サービスも請け負っていることも多く，また前述したようにBTO生産方式を組むとすると，MRPでは限界が見えてきた．そのため，情報システムを企業全般の業務に拡大し，企業横断的に財務会計・生産・販売・物流のすべてにおいて経営資源投入の最適化を図れるERPが導入されたのである．

前述したようにERPは，企業の経営資源である「人・モノ・金」を最適に配分し，管理運用して最大パフォーマンスを得ることを目標としており，各業務レベルではなく，部門をまたがった企業全体で最適化することを目標とした手法・概念を提供する．すなわち，販売・生産・物流・財務などの企業活動全般にわたる業務を全社的に統合した企業情報システムを構築することである．

企業全体として，経営資源の最適化の実現を目的としたERPは，大福帳型デー

タベースともいわれる統合データベースを介して，ビジネスプロセスから見た基幹業務の結合を実現している．ERPシステムの特徴としては，企業の主要な業務をカバーする統合アプリケーションパッケージであること，企業活動全般にわたる業務の機能がベストプラクティスとして提供されること，各業務のリアルタイム統合がなされることなどがある．

メガEMS企業は，標準のERPシステムを要しており，工場を買収した場合には，本社の情報システム部門からスタッフが派遣される．ERPソフトが組み込まれたサーバーを短期間に工場に導入することで，工場内の業務プロセスを標準化するのである．

ERPは生産，販売，会計など企業の基幹業務全体を対象とした情報システムではあるが，EMS企業の業務の全てを網羅できるわけではない．設計段階のCAD/CAMといったシステムや生産段階でのFAや制御装置，物流業務での自動倉庫など，ERPのカバーできない情報システムが存在する．ERPパッケージではまず基幹業務の核になる部分を対象とし，こういった専門的なニーズには周辺の既存の情報システムとの連携で対応している．

現在，インターネットユーザーは爆発的な勢いで増加しており，企業内の情報ネットワークとしてのイントラネットも盛んになっている．これらインターネットを利用した商取引・決済などの経済活動を行なうEC(エレクトロニックコマース)が，急速に拡大している．ERPでは，ブラウザから直接ERPを操作できるようにするシステムに加え，オンラインショッピングや企業間連携のEDIなどのEC分野との連携も進んでいる．

またEMS企業においては，ERPとSCMとの融合という課題がある．ERPは企業全体の経営資源の最適化をめざすシステムであるが，ビジネスプロセスの最適化が同一企業グループ内だけでは，EMS企業としてのグローバルレベルでの需要供給体制に対応していくことが難しい．

そこで，原材料の調達から生産―物流―納品まで一連の業務の流れを，顧客，企業全体，関連会社群を含めたグローバル規模で，ひとつの統合されたプロセスとして取り扱うことによって，より効率的な需要供給体制の実現を目指

すSCMとの融合が図られている．

今まで述べてきたように，メガEMS企業においては，ERPの導入およびECを利用したSCMとの融合を図っている．今後は一般のEMS企業もERPを導入し，本来のビジネスモデルを構築し，品質および生産性の向上を図っていくことが望まれる．

2.4.2 戦略プロデューサー登場の期待

EMS企業が，強い製造業としての地位を確立し，規模においても顧客メーカーを完全に凌駕するまでになるためには，従来のOEM企業のような単なる製品アセンブラーの役割から，世界の製造戦略全体のイニシアチブを持った製造プロデューサーへの進化を遂げる必要がある．

プロデューサーとしてのEMS企業に到達するには，きわめて優秀な先進的な思考能力のある一人の戦略プロデューサーの登場が待たれる．ソレクトロンをメガEMS企業に育て上げたコウ・ニシムラ会長は，まさに戦略プロデューサーとしての資格をもっている．戦略プロデューサーは，世界を視野に入れた工場の買収はもとより，EMS構築のために顧客メーカーや部品メーカーとの企業間ネットワークを構築していく役割を担っている．戦略プロデューサーとしてのあるべき姿は，多面的に評価される．評価基準にはプロデュース能力，顧客メーカーとの人脈，情報力，リーダーシップ力の4つの項目がある．

プロデュース能力とは具体的に，人格，信頼度，調整能力，工場買収による新規開拓能力などの項目であり，主に個人の資質に関するものである．顧客メーカーとの人脈も必要な条件の一つである．またSCMを構築するだけの情報力がないと戦略プロデューサーとしては充分に能力が発揮できない．すなわちインターネットからの情報収集や部品メーカーとのネットワークからの情報収集，ネットワーク構築知識などが情報力となり，プロデュース能力を発揮できる．

最後に，リーダーシップ力が戦略プロデューサーとしての条件となる．戦略プロデューサーは，顧客メーカーへの面談，一般ユーザーへのアンケートなど

から顧客満足度調査を行ない，EMS企業としての方向性を示し，従業員に目標を達成するように仕向ける．また，工場買収した際も，その工場の従業員に，EMS企業としての心構えや目標を伝えることも行なう．

2.4.3 プロデュース型ビジネスモデル

EMS企業にとって，戦略プロデューサーが登場すると，前述した5つのビジネスモデルが有機的に進化する．すなわち戦略プロデューサーによるSCMの構築が促進するのである（図2-12）．

まず戦略プロデューサーは，EMS企業の戦略実行者となり，顧客メーカーのキーマンと接触し情報連絡をとることにより，顧客メーカーの要望を吸い上げる．そして，部品調達先とも接触し，品質やコストについてのトップ交渉を行なう．また，卸・小売などの販売先と情報交換し，在庫情報や売れ筋情報を効果的に取り入れ，顧客メーカーに情報提供することにより，EMS企業としてSCMを構築する役割を担っている．

また戦略プロデューサーは，EMS企業のなかでキーマンとしてリーダーシッ

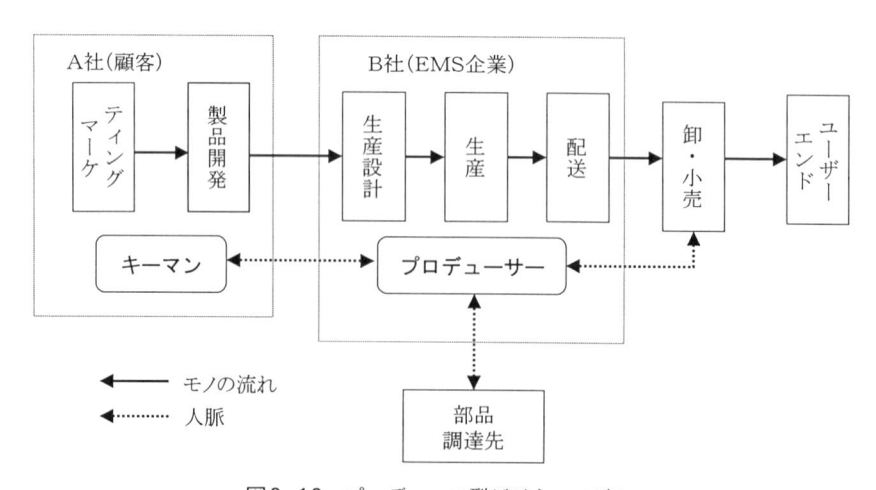

図2-12　プロデュース型ビジネスモデル

プをとり，全従業員を統率して顧客の要望に沿って，改革・改善をしていく役割を担っている．それは，品質管理の向上であったり，納期短縮などの生産性向上であったり，コストダウンであったりする．

さらに戦略プロデューサーは，EMSにおけるエリア戦略を推進する（図2-13）．EMS工場は今や国内だけにとどまらない．インターネットが普及した今日では，グローバルなエリア戦略が可能となっている．EMS企業は，国内特化型とグローバル型に分類することができる．国内特化型EMS企業の進化した形態が，グローバル型EMS企業となる．この具体的手段が工場買収である．

メガEMS企業であるソレクトロン社やSCIシステムズなどがグローバル型EMS企業の代表である．工場買収の条件としては，顧客メーカーに近くコミュニケーションがとりやすいこと，エンドユーザーの地域であること，労働工賃が安い地域であることが挙げられる．実際メガEMS企業は，中国や東南アジア，東ヨーロッパに進出をしている．

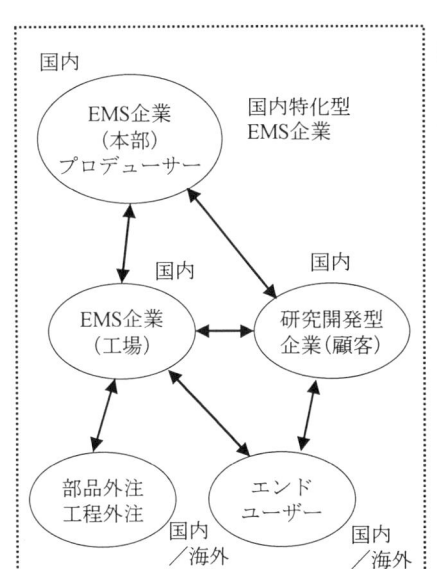

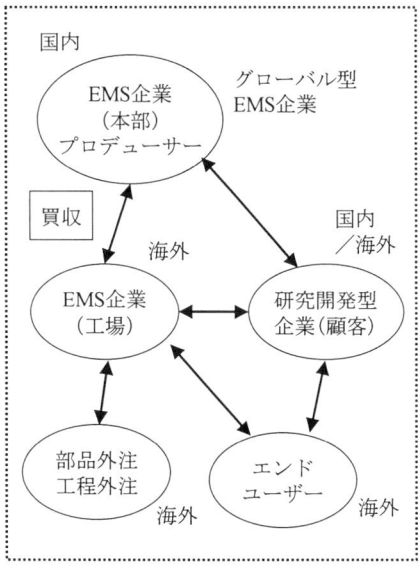

図2-13　EMSのエリア戦略

国内特化型とは，EMS企業の本部および工場が国内にあることが特徴となる．本部の役割としては，工場の情報システム構築，新規の生産技術開発，新規工場計画などをつかさどるものである．顧客メーカーである研究開発型企業も国内にある．部品外注や工程外注は，国内と海外の双方があり，短納期の場合は国内，通常の納期の場合はコスト削減のために海外を使うことが多い．エンドユーザーは，国内と海外の双方があり，顧客メーカーの指示により製品が配送される．

　グローバル型とは，EMS企業の工場が海外にあることが特徴となる．本部は，国内にあり全世界の工場拠点を統括している．顧客メーカーである研究開発型企業は，国内もあれば海外もある．部品外注や工程外注も海外であり，コスト削減のために中国や東南アジアの企業を使うことが多い．エンドユーザーは，工場の立地点またはその他の海外地域であることが多い．ソレクトロン社が，国内のソニーの工場を買収して日本に進出したことは，まさにグローバル型といえる．

　このようにEMS企業が，国内特化型からグローバル型に進化するためには工場買収という手段が考えられるが，どのエリアで，どの工場を買収するかは，戦略プロデューサーが主体となって動くことになる．この買収戦略もプロデュース型ビジネスモデルと位置づけることができる．

参考文献

馬場錬成「工場の復権」『プレジデント』，2000年1月．
稲垣公夫『EMS戦略』ダイヤモンド社，2001年．
Lester, R.K., *The Productive Edge*, 1998．（田辺孝二ほか訳『競争力——「Made in America」10年の検証と新たな課題』生産性出版，2000年．）
Porter, M.E., *Competitive Advantage*, The Free Press, 1985．（土岐，中辻，小野寺訳『競争優位の戦略』ダイヤモンド社，1985年．）
Slywotzky, A.J. and D.J. Morrison, *The Profit Zone*, 1998．（恩倉直人ほか訳『プロフィット・ゾーン経営戦略』ダイヤモンド社，1999年．）

山崎康夫『ビジネスモデルづくり入門』中経出版，2000年．

URL

ミスミ：http://www.misumi.co.jp/
日立「TWX-21」：http://www.twx-21.hitachi.ne.jp/
IBM：http://www-6.ibm.com/
デル・コンピュータ：http://www.dell.com/

Electronics
Manufacturing
Services

第Ⅱ部

EMS企業の成功事例
先進企業はどうしているのか？

第3章

海外のEMS企業

山本尚利

3.1 米国のコンピュータメーカーのビジネスモデル変遷

　海外のEMS企業について紹介するにあたり，EMS企業が生まれた経緯について考察する．1980年代，ソレクトロンなど，米国においてEMS企業が生まれたが，米国においてなぜEMS企業が出現したかを分析する．

3.1.1 伝統的ビジネスモデル

　EMS企業が出現する以前に，メーカーとしての伝統的ビジネスモデルが存在する．伝統的ビジネスモデルとして，パーソナルコンピュータ(PC)メーカーを取り上げる．

　PCメーカーの伝統的ビジネスモデルは，顧客マーケティング，研究開発，製品開発，設計，生産，販売，物流，アフターサービス，顧客ニーズのフィードバックなど，一連の価値連鎖(バリューチェーン)を統合的に運営するモデルである(図3-1参照)．

　このビジネスモデルは，消費財メーカーに大なり小なり共通するモデルである．長い間，製造業界においては，メーカーに求められる価値連鎖を統合的に運営するのが最適と考えられてきた．なぜなら，顧客ニーズの取り込み，顧客満足，品質保証において，全ての業務プロセスをメーカーが全責任を負って垂直統合的に運営するのが理想的だからである．メーカーが消費者ユーザーに対

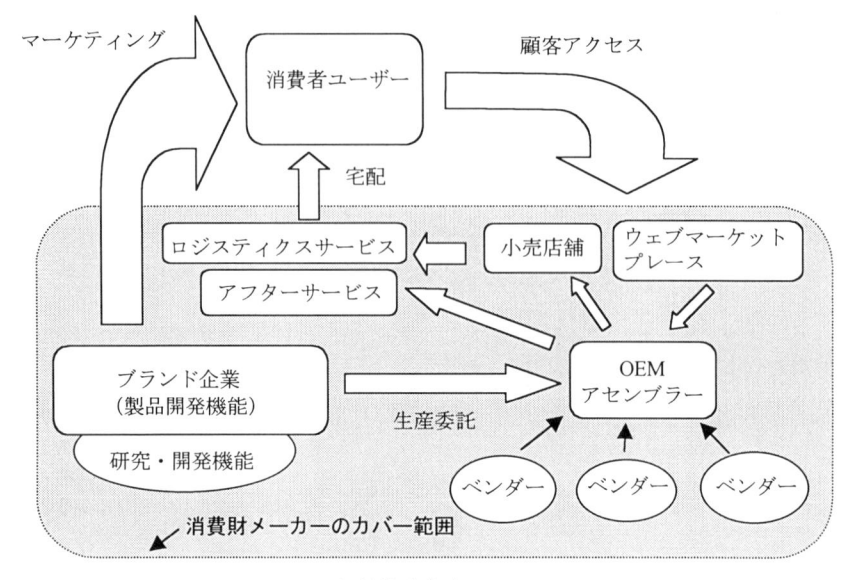

図3-1 伝統的消費財ビジネスモデル

し全責任を負うことが消費者からの信用を高め，ブランド価値形成に寄与することにつながる．

　コストを度外視すれば，伝統的ビジネスモデルが消費者にとっては最適であることに変わりはない．しかしながら，コスト競争に突入した製品において伝統的ビジネスモデルに問題が生じる．製品技術が成熟化して，新技術競争から，製品競争が激しくなると，伝統的ビジネスモデルでは高コストとなる可能性がある．例えば，市場成長の大きいPC業界では新製品開発サイクルが速くなり，コスト競争が激化する．性能はより高く，価格はより低くしなければ競争に勝てなくなる．

　PC業界では，製品心臓部のMPU(マイクロプロセッサー)やOS(オペレーティングシステム)をインテルやマイクロソフトに市場支配されたため，性能対価格がPCメーカーの差別化要因となった．ほとんど全てのPCメーカーにとって，MPUとOSに要するコストが一定ならば，それ以外の要素においてコスト競争しなければならなくなる．

MPUとOSがブランド品(例えば,インテルインサイド,ウィンドウズ仕様)ならば,PCメーカーはどこでもよい.性能対価格が良いメーカーの製品を買う傾向がユーザーに生じている.米国においてコンパック,デル,ゲートウェイなどのPC新興メーカーはこうして生まれた.現在ではこれら新興メーカーが伝統的PCメーカー,IBMやアップルコンピュータやHPのシェアを上回っている.

日本においても,NECや富士通や東芝など伝統的PCメーカーに加えて,ソニー,ソーテック,イイヤマなど新興PCメーカーが登場した.松下,日立,三菱電機など大手エレクトロニクスメーカーが必ずしも,成長著しいPC市場で優位に競争できるとは限らなくなった.PC市場においては製品開発技術も,量産技術も競争優位の決定的要素ではなくなっている.

競争力のあるPCメーカーとなるため,伝統的ビジネスモデル(図3-1参照)はどこに問題があるのだろうか.PCのアセンブラー(組立)機能にまず問題が生じる.これをPCメーカーが自社の直営工場や子会社で実行する場合,人件費が高いとコスト高に陥る.

そこで,アセンブラー機能を,OEM(Original Equipment Manufacturing)化する必要がでる.すなわち,第三者の製造専業企業に自社ブランド製品の生産委託をする.この際,コスト,品質,納期の3要素について,最適なOEMメーカーを発掘することによって,PCメーカーは組立コストを引き下げることができる.

OEM生産受託市場,すなわちEMS市場が成長し,成熟すれば,単に,生産コストを下げる目的のOEMではなく,生産設備を持たないメーカーが登場してOEM委託する例が生じる.

次に,販売・サービスネットワークである.現在はディスカウント小売専門業者が成長してきたのでメーカーが自社系列特約店を保有すると,コスト高に陥る可能性がある.さらに,卸業者や第三者小売業者を通じて販売すると,手数料コストが上乗せされる.このコストをいかに下げるかが競争力要素となる.そこで,インターネットや電話による通信販売などにより,メーカーが消費者に直販する例が生じる.

ロジスティクスコストにおいても，専用運送会社に輸送委託したり，メーカーの物流子会社を利用することが最適選択とはいえなくなった．宅配便業者の成長により，汎用的宅配便ネットワークで充分対応できるようになった．デリバリーの正確性，信頼性，コストにおいて宅配便企業の競争力が格段に高まったからである．メーカーを構成する価値連鎖の基本機能は，マーケティング，開発，生産(調達含む)，物流，販売であるが，上記のように下流の生産，物流，販売機能はアウトソース化が容易となっている．

現在，ほとんどの消費財メーカーはまず，生産・物流機能を，子会社化したり，系列化するのが常識化している．

さらにそれが進展して，第三者へのOEM，すなわちEMS化するようになったということである．

3.1.2　インターネット時代の対等分業体制

PCメーカーのビジネスマトリックスを図3-2に示す．伝統的ビジネスモデル

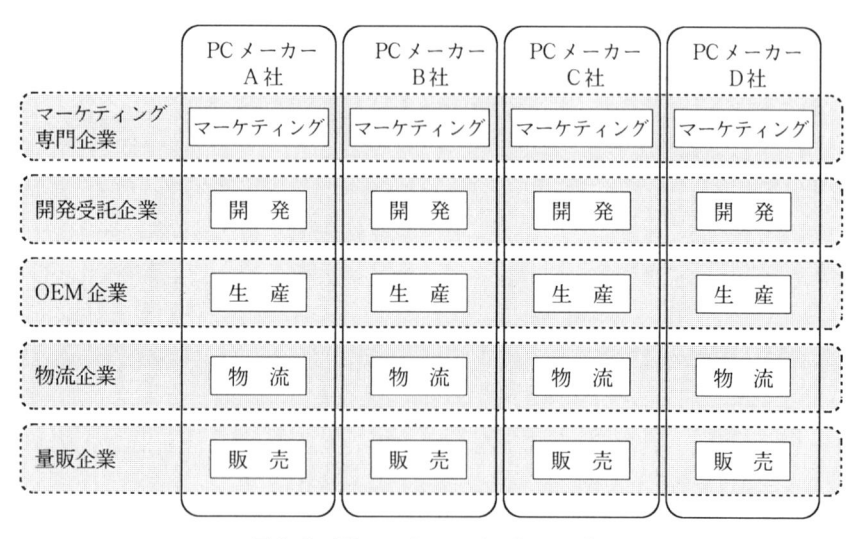

	PCメーカー A社	PCメーカー B社	PCメーカー C社	PCメーカー D社
マーケティング専門企業	マーケティング	マーケティング	マーケティング	マーケティング
開発受託企業	開　発	開　発	開　発	開　発
OEM企業	生　産	生　産	生　産	生　産
物流企業	物　流	物　流	物　流	物　流
量販企業	販　売	販　売	販　売	販　売

図3-2　PCメーカーのビジネスモデル

に基づく，PCメーカー，A社，B社，C社，D社における垂直統合モデルは，マーケティング専門企業，開発受託企業，OEM企業，物流企業，量販企業など，ビジネスモデルの価値連鎖の一要素を水平に統合して専門化する企業の登場によって，垂直統合の必然性が低下しはじめてきた．

図3-2に示すように，消費財市場において水平分業体制が確立するにつれて，PCメーカーは下流のみならず，上流の業務プロセスまでも，アウトソースすることが可能になってきた．

マーケティングや開発機能までもアウトソースできるようになれば，メーカーの存立基盤は，ブランド価値のみとなる．ビジネスモデル理論上は，業務プロセスで構成されていた価値連鎖が，ブランド価値という価値連鎖に集約される．

メーカーのブランド価値とは統合的に製品品質保証できる責任能力を指す．すなわち，メーカーは，各業務プロセスを外注した後も，外注先企業を統合的に管理する能力を確保する必要がある．一方，水平分業専門企業は，その契約先の垂直統合メーカーの要求を，高信頼性をもって遂行する能力が要求される．ところでインターネットの普及により，オンラインマーケティング機能は専業企業に委託することが容易になったし，マスメディアによる不特定多数を対象とする伝統的マーケティング手法に比べて格段に高効率で，低コストのマーケティングがインターネットマーケティングで可能となってきた．

開発についても，製品デザイン，ソフトウェアの領域は，外部専門家もしくは外部ベンチャーへの委託が可能である．高速インターネットの普及とインターネットセキュリティ技術の発達により，ソフトウェアのコンテンツはグローバル規模での制作が可能となった．

国別，地域別に異なる顧客ニーズに対しては，インターネットによるグローバルグループウェアの発達により，開発の中央コントロールとローカライゼーションの両立が可能となった．グループウェアにより製品開発の分業化，標準化が容易になり，開発効率（スピードとコスト）が格段に向上できるようになった．

こうして，PCメーカーは垂直統合の価値連鎖についてグローバルネットワー

ク技術を活用して管理する能力さえ確保しておけば，競争力を確保できるようになった．

メーカーは価値連鎖マネジメント能力を有する少数精鋭の陣容ですむ．メーカーが大量の雇用を抱える時代が終焉するのである．

図3-2に示す垂直統合ビジネスモデルのPCメーカー群とマーケティング，開発，生産などを水平統合する専業企業群の相互関係は従来のような元請企業と請負企業という主従関係ではなく，お互いの役割を分業する対等の関係にある．

このビジネスマトリックスにおいては，メーカーが大企業で，開発請負企業が中小企業であっても，単に役割を分業する対等の関係である．お互いが契約相手を自由に選択できる．

日本の製造業においては大企業である親会社と，その請負企業群で構成される「ケイレツ（系列）モデル」が主流であり，現在なおその構造は大きく変わっていない．インターネット時代にはこのビジネスモデルは明らかに陳腐化するはずである．

3.2 米国製造業におけるニュービジネスモデルの台頭

1980年代の米国製造業は日本製造業に圧倒された．そして，IBMやヒューレット・パッカードやインテルなどは高付加価値製品の開発と設計に重点を移していったが，ソレクトロンやデル・コンピュータなどのように日本製造業を後追いする新興企業が出現した．

3.2.1 ソレクトロン型ビジネスモデルの出現

米国製造業はエレクトロニクス業界を筆頭に，ニュービジネスモデルが台頭してきた．代表的ニュービジネスモデルとしてソレクトロン型ビジネスモデルを図3-3に示す（山本尚利，2000）．

ソレクトロンはPCB（プリント回路基板）のOEMメーカーとして1977年に創

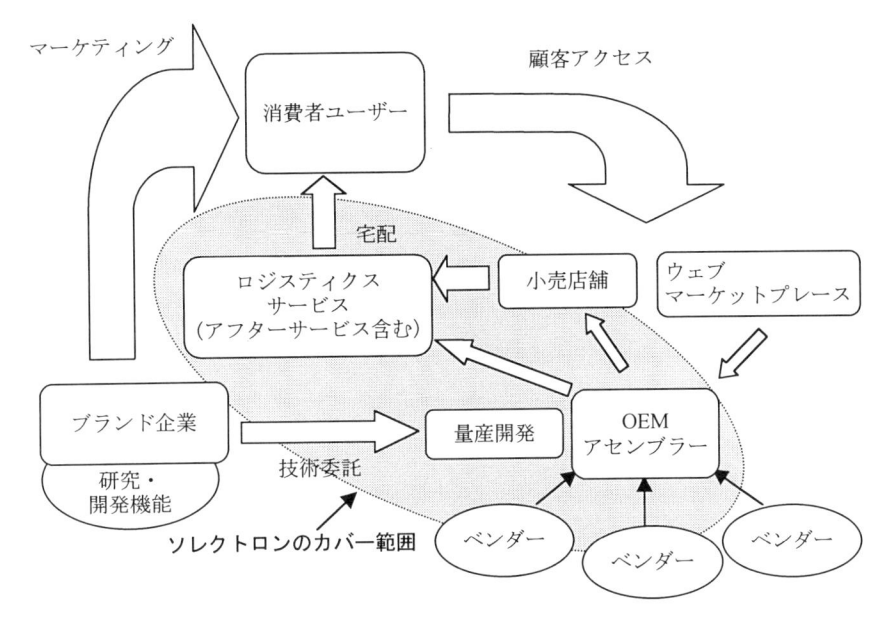

図3-3 ソレクトロン型ビジネスモデル

業されている．OEMの老舗といえる．ソレクトロンは単なるOEMメーカーからEMS先駆企業に成長している．シリコンバレーのエレクトロニクス機器メーカーを顧客とし，生産請負から開発，ロジスティクス(調達，物流，アフターサービスなどを含む)サービスを一括して受託する企業に成長している．

ソレクトロンが単に，OEMメーカーに留まっていれば，前述の日本のケイレツモデルにおける請負メーカーと何ら変わらない．ソレクトロンはコアコンピタンスを，ロジスティクスにおいた．すなわち，調達，生産，物流，アフターサービスという一連のサプライチェーンを一手に引き受けた．

コアコンピタンスを，マーケティング，イノベーション，開発などブランド戦略に置く企業の多いシリコンバレーにあって，ソレクトロンはまさに縁の下の力持ちとしてのブランドを確立した．消費財メーカーにとっては消費者に対するブランド戦略が重要であるが，ソレクトロンにとっては，顧客であるエレクトロニクス機器メーカーに対するブランド構築が何より重要となる．ソレク

トロンは消費者からの知名度をあげる必要はない．

　一般的に大企業の請負企業は，できれば下請け的地位を脱して，自ら大企業に脱皮しようとするのが普通である．

　ところが，ソレクトロンは自らが，顧客企業であるIBM，シスコシステムズ，サン・マイクロシステムズのようなブランド大企業に脱皮する意図はない．だからこそ，ソレクトロンにOEM委託する大企業にとって，ソレクトロンがその顧客企業の地位を脅かす恐れがない．そして，ソレクトロンは顧客から安定した契約を確保することができるともいえる．

　ソレクトロンの戦略ゴールは「世界一のEMS」となることである．インターネット時代となり，世界分業体制によって事業展開することが可能になったので，ソレクトロンのような企業が活躍しやすい風土が醸成されてきた．ソレクトロンは顧客企業の単純な請負企業に留まることなく，EMSの地位に誇りを持ち，世界一流の生産技術を保有することを目指した．

　顧客ニーズに対応した生産技術を獲得するには，FMS (Flexible Manufacturing System)体制を確立すること，品質管理技術を獲得すること，契約納期を厳守すること，など克服すべき課題は決して容易ではない．

　日本のように請負中小企業間の競争が厳しくないシリコンバレーにおいて，ソレクトロンの技術は充分差別化が可能である．シリコンバレーにおいてはソレクトロンのような戦略ゴールを有する企業は少ないことも，ソレクトロンの競争力を一層ユニークなものにした．

　ソレクトロンは順調な成長にもかかわらず，奢り高ぶることなく，自ら設定した戦略ゴールに従って，ひたすら必要技術力を向上させたので，シリコンバレーにおいてEMS企業として，有数のブランド企業の座を勝ち得た．品質トラブルや納期遅延はソレクトロンにとって致命的となるので，ソレクトロンはTQCなど日本の生産管理手法における優れた点を存分に取り入れた．

3.2.2 ソレクトロンとデルのビジネスモデル比較

図3-4にデル・コンピュータのビジネスモデルを示す(山本尚利,2000).デルのモデルはソレクトロンのビジネスモデルと類似性があるが,相違点もある.そこで,ソレクトロンのEMSモデルを検証するため,デルモデルとの比較分析を行なう.

デルモデルはPC(コンシューマーエレクトロニクス機器のひとつ)メーカーとして,消費者に対するブランドを確保するビジネスモデルである点において,ソレクトロンモデルと大きく異なる.しかしながら,デルは伝統的垂直統合型PCメーカーと異なり,ソレクトロンのように,徹底的にコアコンピタンスを追求し,ユニークなビジネスモデルで競争優位に立とうとする点において,デルはソレクトロンとの類似性が高い.

デルのビジネスモデルは消費者への直販と注文生産方式(ダイレクトモデル)である.図3-4に示すように,小売店舗販売を省略していることに最大の特徴

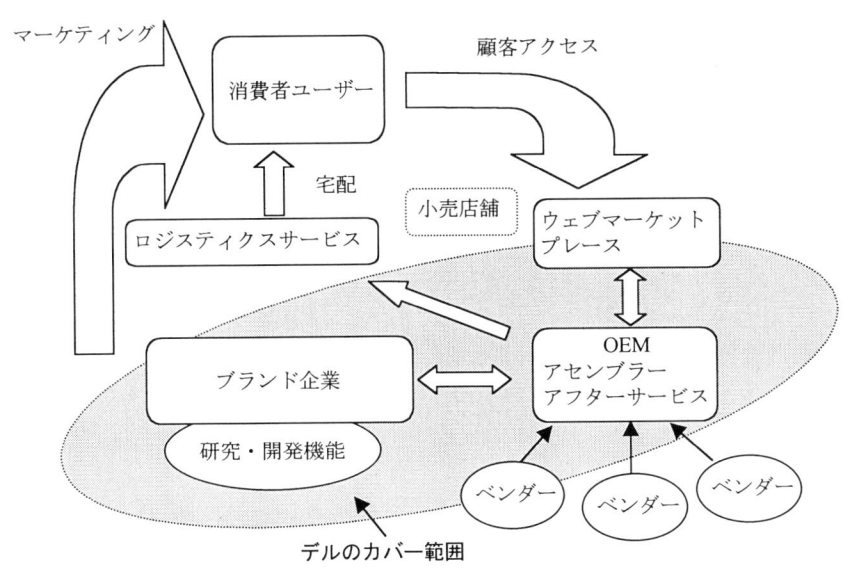

図3-4 デル型ビジネスモデル

がある.

　通信販売のみに依存するのは消費財メーカーとしては大変なハイリスクである．一般的に顧客はコンシューマーエレクトロニクス機器や家電製品を購入する際，小売店舗の広告を比較し，さらに店舗を訪問して，各メーカーのデザイン，性能対価格を実物比較チェックした上で購入決定する．PCはいくら大衆化したとはいえ，やはり買回り品であって，最寄り品ではない．

　通信販売に適するのは，化粧品や下着のような日用品，最寄り品である．もしくは健康機器のように店頭販売されていない特殊消費財である．PCは大型ディスカウント小売店舗で量販される商品の代表である．それでも，店舗にないマニア向けPCが通信販売に適するが，ディスカウント価格で量販されるPCに比べて販売量は限られる．

　そこで，デルは量販店小売りでPCを販売したら，IBMやアップル・コンピュータなどの大手競合メーカー品との競争になって勝ち目はないと考えた．IBMのPC事業部の後追い企業であるデルがIBMコンパチブルのPCにおいてIBMなどの強豪に勝つためには大幅値引きしかないのは自明であった．しかしディスカウントすれば結局は利幅がとれなくて敗退するのが落ちだから，普通はIBMのような強豪に挑戦するのを断念するのが常識である．ところがデルはその常識を打ち破って強豪に敢えて挑戦していったのである．

　この意味で，デル，ソレクトロン両者とも既成体制化したビジネスモデルに対して果敢な挑戦を試み成功している．デルはIBMのコンパチブルPCメーカーとして1983年スタートしたが，発足当時は，一介の学生ベンチャーに過ぎなかった．巨大企業IBMをビジネスモデルとして競争に勝てる可能性はゼロであった．まさに蟻と象の闘いである．創業者マイク・デルにとって起業当初から競争力のあるPCメーカーのビジネスモデルとは何かが命題であった．

　一方，ソレクトロンもOEMメーカーとして1977年に日系二世のロイ楠本によって創業されているが，当時は数あるOEMベンチャーの一つに過ぎず，大手メーカーの請負として厳しい生き残り競争に曝されていた．ソレクトロンは請負の地位から脱することは容易でなく，将来の展望も開けなかったが，1980年

代，日本のTQCが米国に導入されるや，日系人創業の企業であることを売りに，日本企業の強みである高品質，納期厳守，低コストという三種の神器を武器にして受注を伸ばした．終には，OEMとしての地位をステッピングストーンとせず，最終ゴールとして大成功した．多くのシリコンバレー企業の裏をかく戦略である．

　デルも，PCメーカーとしてのニュービジネスモデルを必死で模索し，日本のカンバン方式に代表される在庫圧縮生産方式を導入した．

　上記デル，ソレクトロン両者とも，1980年代，世界を席巻した日本企業の高効率生産管理モデルを導入している．両者とも日本企業に学んだ戦略が今日の大成功をもたらしている．1970年代から80年代にかけて，日本製造企業は，エレクトロニクス，自動車，鉄鋼などの分野において米国製造企業に果敢に挑戦し，数々のハンディキャップを克服して，米国企業の覇権を脅かした．デルもソレクトロンもハンディを負って挑戦する日本企業群におおいに学んだのである．

　カンバン方式は在庫リスクを外注に転化する生産管理手法である．TQCは生産現場の品質管理手法である．デルもソレクトロンも日本企業の編み出した生産管理手法を競争優位の武器にした点において類似性が高い．

　デルの在庫圧縮コストダウンは，消費者への直販方式と注文生産方式（ダイレクトモデル）の採用によって実現された．トヨタもカンバン方式によって注文生産を実現し，結果的に在庫ゼロを実現した．

　デルのダイレクトモデルは部品供給業者の協力が欠かせない．トヨタは豊田市中心に系列企業群を育成して，トヨタ主導の部品供給体制を確立したのでカンバン方式の実現が可能となった．

　デルも全世界の生産拠点を5カ所に集中化している（米国オースチン，アイルランド，マレーシア，中国，ブラジル）．最大市場の米国でも，オースチン工場1カ所である．部品供給メーカーとの親密なネットワーク化を進め，直販注文生産（ダイレクトモデル）を実現している．デルのダイレクトモデルはもともとトヨタの注文生産方式をモデルにして実現されたが，幸運にもインターネットの

普及によってオンライン販売の普及と極めてマッチして，大きくシェアを伸ばした．

前述のようにPCはMPUとOSというキーコンポーネントがインテルとマイクロソフトというブランド企業でユーザーの信頼性を勝ち得ているため，PCに限ってユーザーは，実物チェックのできないオンライン購入が安心してできるのである．また，買い替え主体のPC習熟ユーザーは当然，インターネット習熟者でもあり，オンライン購入に抵抗が少ない．このような好条件が重なって，PCのオンライン購入は米国市場において飛躍的に増加した．インターネットショッピングの普及はデルにとっては願ってもない追い風となった．現在，デルは世界一のPCメーカーとしてのブランドを獲得したので，小売店舗チャネルを通す必要が全くなくなった．さらに加えればPCは価格的にも，ユーザーがオンライン購入におけるリスクを負える範囲である．そこで，今では，デルに続けとばかり，PCメーカーはこぞってオンライン販売に力をいれるようになっている．それでもデルはオンライン販売先行メーカーとして圧倒的優位に立っている．オンライン販売専用の流通チャネルを構築しているため，コスト的に優位に立てるためだ．

一方，車はPCより一桁も高額で，かつ実物チェックや試乗を要するのでオンライン購入するにはユーザーリスクが高い．その意味でPCおよびPC周辺機器はデルのオンライン販売に極めてよくフィットしたのである．

3.3　ソレクトロン事例研究

ソレクトロンはEMS(Electronics Manufacturing Services)というビジネスモデルの元祖である．そこで，事業内容，企業歴史，企業戦略を分析することによって，EMS企業戦略とは何かを明らかにする(山本尚利，2000；ワンソース・ドットコム；ソレクトロンウェブサイト)．

3.3.1　ソレクトロンの企業データシート

アドレス： www.solectron.com/
住　　所： 847 Gibraltar Drive Milpitas, CA 95035
電　　話： 408-957-8500
売　　上： 141億3,750万ドル(2000年8月)
従 業 員： 48,000人
業　　種： 電子部品組立

3.3.2　ソレクトロンの事業内容

　ソレクトロンはサーキットボードなどの組立てのOEM専門メーカーである．セットメーカーを顧客にし，PCB(プリント回路基板)の設計，組立，テストプロトタイプ開発請負のメーカーである．EMSの元祖である．
　図3-5に示すように，ソレクトロンの受注分野はネットワーク機器，通信機器，モバイル機器，サーバー，ワークステーションなどインターネット用のエ

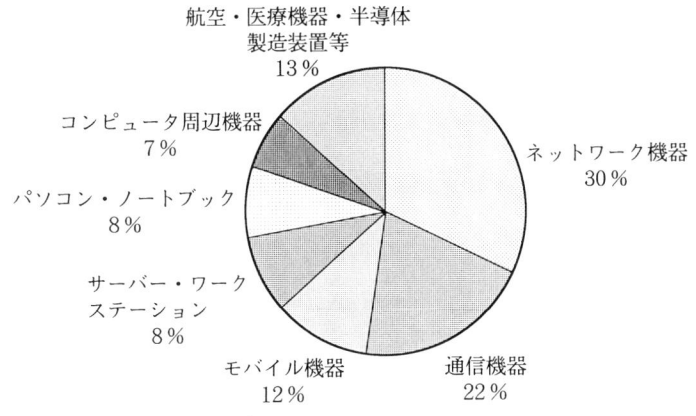

航空・医療機器・半導体製造装置等　13%
コンピュータ周辺機器　7%
パソコン・ノートブック　8%
サーバー・ワークステーション　8%
モバイル機器　12%
通信機器　22%
ネットワーク機器　30%

出所： ソレクトロンウェブサイト

図3-5　ソレクトロン生産内訳(%)

レクトロニクス機器が圧倒的に多い．シリコンバレーを中心に事業展開しているため，シリコンバレーの成功企業，シスコシステムズ，サン・マイクロシステムズ，ヒューレット・パッカードからの受注が多い．

3.3.3 ソレクトロンの企業歴史

ソレクトロンは1977年，ロイ・楠本という日系二世によってシリコンバレーで創業された．1978年，台湾出身でIBMにいたウィストン・チェンを社長にして成長した．

シリコンバレーではゲーム機，パソコンなど，電子機器のセットメーカーがひしめきあっていたが，ロイ・楠本はもともとゲーム機のアタリの出身で，セットメーカーのニーズを知り抜いていた．OEMメーカーに徹し，低価格，短納期，高品質を武器に売上を伸ばした．日本のTQCを取り入れ，顧客の信用を勝ち得た．

1988年，チェンは元IBMにおける上司の日系人のコウ・ニシムラ（日本名：西村公一）をリクルートし，マイクロデバイスの開発，プロセス技術をソレクトロンに導入した．2000年末現在，コウ・ニシムラはCEOを努めている．

1989年ソレクトロンは公開され，2年後，米国の品質管理大賞のマルコム・ボルドリッジ賞を受賞した．1990年，マレーシアに進出するまでに成長した．

3.3.4 ソレクトロンの企業戦略

ソレクトロンはOEM専業としては世界最大の規模になった．コンシューマーエレクトロニクスやコンピュータメーカーに始まり，航空宇宙産業，通信，計測機器など，シリコンバレーのハイテク製造業をすべて網羅している．主要顧客はHP（ヒューレット・パッカード），シスコシステムズ，IBM，三菱電機，サン・マイクロシステムズなどである．

これらのメーカーは，ボードの組立コストを下げるため，外注化に走った．

表3-1 ソレクトロンの経営規模の変化

	1998年	2000年
年間売上	52.9億ドル	141.4億ドル
従業員	20,000人	48,000人

出所：ワンソース・ドットコム

　ソレクトロンはこれを専門に受注することで，OEMにおける技術力を高め，売上を伸ばした．表3-1に示すように，ここ2年間で，経営規模を一挙に2倍以上に伸ばした．

　ここ2年，爆発的なインターネットの普及により，全世界でドットコム企業やインターネット関連企業に投資が集中してきたが，IT社会において縁の下の力持ちである地味なソレクトロンが意外にも驚異的成長をしているのである．こうして米国において最近の業績の伸びが大変注目されるようになり，EMSという事業コンセプトが俄然脚光を浴びる原因となっている．

　ソレクトロンの顧客の製品は多種多様であるが，搭載されるPCBの設計，組立技術は共通性がある．ところが，ソレクトロンの顧客企業は，最終製品やキーデバイスで競争力を維持しようとはするが，搭載されるPCBの生産技術で競争力をつけようとはしなかった．

　ソレクトロンはここに目をつけた．ソレクトロンの強みは，顧客のニーズにこたえる設計，開発，低コスト，ジャストインタイムの納期順守，高品質，信頼性にある．これはまさに，1980年代の日本企業の強みを日系企業として実現させたものである．

　ソレクトロンは生産技術で競争力を確保するため，微細加工などの製造技術を有する大企業の工場やベンチャーを買収する戦略を取っている．特に，製造技術の競争力を高めているアジアへの投資に力を入れている．1999年，ソレクトロンは組織変更を実施し，EMS機能を拡充した．従来の製造サービスに加えて，開発設計サービス，グローバルアフターサービス機能を追加した．図3-6に示すように，ソレクトロンは受託業務拡大に伴い，SCM（Supply Chain

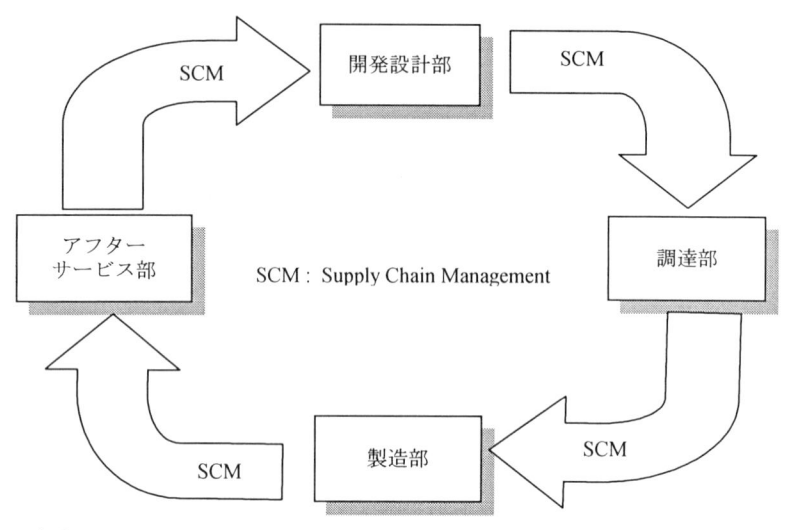

```
                    SCM
        ┌──────→ 開発設計部 ──────┐
        │                        ↓ SCM
   アフター                    調達部
   サービス部   SCM: Supply Chain Management
        ↑                        │
        │ SCM                    ↓ SCM
        └────── 製造部 ←─────────┘
```

出所：ソレクトロンウェブサイト

図3-6 ソレクトロン受託生産供給サイクル

Management)を強化して，受託業務の価値連鎖が有効に機能するように努力している．

ソレクトロンは激変する世界市場に対応するため，グローバル事業展開を始めた．米国，英国，ドイツ，スウェーデン，中国，マレーシア，日本など世界中にNPI(New Product Introduction)Centerを設立している．NPIセンターにおいて，顧客の計画する新製品に対する開発設計，量産体制計画，試作，テストなど上流業務を受託する．ソレクトロンのグローバルサービス部門では，世界市場に向けて，委託顧客の販売した製品の修理，改善，メンテナンスなどアフターサービスを受託する．

3.3.5 ソレクトロンのSCM戦略分析

ソレクトロンのSCM戦略は，新製品サイクルスピードへの対応，納期の短縮，変動生産対応，スムーズな製品供給体制，適正コスト実現にある．理想的SCM

第3章 海外のEMS企業

戦略の実現のため，単に調達，生産，物流の受託に限定せず，上流の開発設計，下流のアフターサービスの受託にも業務範囲を広げている．図3-7にソレクトロンのEMS事業戦略を示す．

ソレクトロンは世界市場に対応するため，世界中に生産拠点を配置している．SCM上は生産現場と市場の地理的距離が近いほど効率的供給体制が実現できる．ソレクトロンは自社をGlobal Supply-Chain Facilitator(GSCF)と位置づけている．GSCF戦略にのっとって受託範囲を拡大すると，ソレクトロンの顧客企業の業務範囲が大幅に狭まる．

ソレクトロンの顧客企業はかつてメーカーであっても，自社ブランドさえ維持しておけばよいことになる．顧客は経営資源をマーケティング，営業，販売，研究開発に特化することができる．顧客は，収益性の高いところだけに経営資源を集中させることができるので，ソレクトロンは随分都合の良い，ありがたい存在に見える．生産という，投資がかかり，管理が煩わしい割には旨味の少ない部分を引き受けてくれるのだから．

日本のメーカーも，消費財メーカーを中心に，生産物流機能を生産子会社お

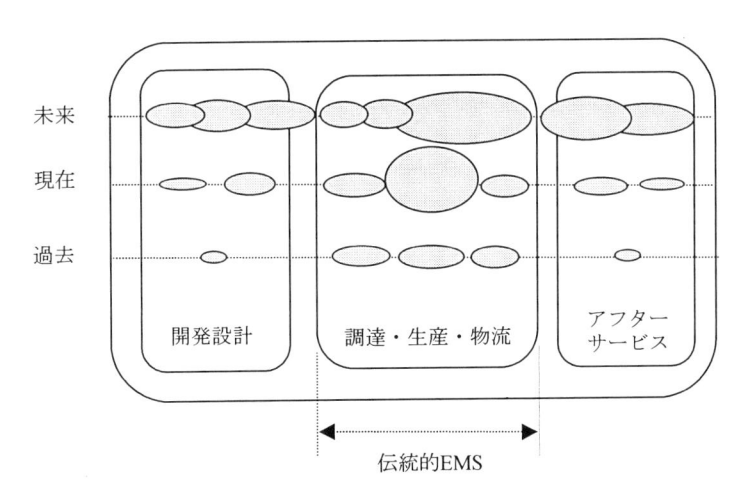

出所： ソレクトロンウェブサイト

図3-7　ソレクトロンEMS戦略コンセプト

よび物流子会社に委託している．その場合，技術の流出を恐れて，第三者企業へのアウトソースを避けている．メーカーにとって，生産部門を常に，自由自在のコントロール下に置いておきたいのである．そして生産部門に経営主導権を握られたくないのが経営者の本音である．生産部門の都合によって，製造原価や納期が決められたら，主客逆転となって企業は市場での競争に勝てなくなるのも事実である．

　メーカーにとって生産物流業務の外注を子会社や系列企業でなく，全くの第三者企業に外注するかどうかは，メーカーが自社のコアコンピタンス（中核業務）をどこに置くかにかかっている．従来の常識では，メーカーにとって，製品開発技術，生産技術はコアコンピタンスとみなされてきた．マーケティング，開発，生産，流通，アフターサービスという業務連鎖を社内のチームワークで実行することが，企業ブランドと信用を高めると信じられてきた．

　ソレクトロンの戦略はこの常識を破るものである．それでも顧客がソレクトロンへの委託範囲を生産物流から開発，アフターサービスへと拡大しはじめたからこそ，GSCF戦略が成立しているのである．メーカーの常識がソレクトロンの登場によって崩れるとすれば，その原因はどこにあるのだろうか．

　まず注目されるのは，ソレクトロンのGSCF戦略は全ての製造業に適用されるのではなく，エレクトロニクス関連製造業に限定されている点である．しかも，部品製造ではなく組立製造業務にフォーカスされている．この点がソレクトロンのGSCF戦略成立の鍵となっていることは否めない．

　そこでエレクトロニクス機器の世界市場の実態に注目したい．IT革命によって，エレクトロニクス機器，あるいはその製造装置，検査装置の需要が飛躍的に高まり，世界市場において競争が激化している．また，競争に勝ち残るために，新製品開発競争が活発となっている．

　エレクトロニクス機器の性能は向上し，価格競争は激化する一方である．しかも新製品開発サイクルは短縮化される．このような環境において，エレクトロニクス機器メーカーは生産機能をコアコンピタンスにすると，設備投資リスクが高く，固定費の圧迫となり，市場における需要変化に俊敏に対応できなく

なるのである．

そこで，シリコンバレーのエレクトロニクス機器メーカーを中心に，コアコンピタンスの見直しを迫られるようになった．そしてメーカーのコアコンピタンスが，生産からマーケティング，研究開発，販売にシフトしていった．ソレクトロンのような量産受託企業の存在によって，コアコンピタンスのシフトが可能となった．メーカーにとって技術による差別化は生産技術ではなく，イノベーティブな基盤技術の知的所有権確保，エレクトロニクス機器を動かすソフトウェア技術による差別化で競争するようになった．

3.3.6 ソレクトロンの買収戦略

1996年，ソレクトロンはライバルのフォース・コンピュータ社を買収した．フォース・コンピュータは通信システムや工場プラント制御用のカスタマイズドコンピュータシステムにおけるボードなどのOEMメーカーであった．これによって，ソレクトロンは通信システムや工業システムなどのカスタムボード製造技術を獲得した．この技術はインターネット用ネットワーク機器用ボード製造に応用できる．また，ソレクトロンはファインピッチ・テクノロジー社を買収した．この会社は新製品開発試作品用ボード設計を請け負う企業である．この買収により，ソレクトロンは技術問題解決，試作品開発設計など，新製品開発プロセスにおける上流部分のOEM領域に事業範囲を拡大することができた．

最近では，ノートブックコンピュータやLCD（液晶表示装置）などの保全・修理サービス企業，シークェル社を買収した．LCD搭載ノートブックコンピュータは米国ビジネスマンの必需品として広く普及しているが，故障や損傷トラブルも多い．そこで，電話やインターネットで故障診断し，遠隔保全・修理サービス事業が成長している．ソレクトロンはこのような修理サービス企業をも買収することによって，単純なOEM企業から総合技術サービス（技術ソリューション）企業へと脱皮しようとしている．

またソレクトロンは，日本の高品質製造技術を獲得するため2000年10月，

ソニーの2工場を買収した．ソレクトロンにとってソニーは日本製造業のモデル企業である．ソニーは子会社，ソニー中新田株式会社（宮城県）およびソニー・インダストリーズ・タイワン（台湾高雄市）をソレクトロンに売却し，ソレクトロンはソニーのOEM生産を行なう（ソニーウェブサイト）．ソニー中新田には1,300人，ソニー・インダストリーズ・タイワンには750人の従業員が雇用されているが，従業員はソレクトロン社員となる．給与や福利厚生の待遇などはソニーの水準に合わせる．

　ソレクトロンのソニーの日本工場買収は日本製造業にとって画期的出来事となろう．ソレクトロンにとっては，日本市場参入の足掛かりができる．ソニーにとっては，コアコンピタンス経営戦略実行への布石となろう．ソニーはその強力なブランド力をフルに発揮して，革新的新製品開発，マルチメディアコンテンツ開発，マルチメディアサービスなど高付加価値事業をコアコンピタンスにしようとしている．そのためには，従来のソニーのメーカーとしてのコアコンピタンスである生産機能のうち，汎用化した部分を分離するのは当然の選択である．ソニーは明らかに，国際ブランド企業として，脱メーカーを志向している（ただし，ソニーは公にはメーカーであることを堅持する姿勢を崩していない）．まさに世界トップレベルを志向する優良企業であり，一流である．ソレクトロンは一流を目指すソニーが捨てる生産技術を拾う企業である．ソニーが一流を目指せば，ソレクトロンは二流を目指しているかのようである．しかしながら，単なる二流ではなく，スーパー二流を目指しているかのようである．

　ところで一流を目指すソニーにとって，コアコンピタンスからはずれた工場の売却戦略が効を奏すれば，今後売却される工場が増えると予想される．一流を目指すソニーの動向に刺激され，同じく一流を目指す多くの日本のエレクトロニクス大手企業，松下，NEC，富士通，東芝，日立，三菱電機などがソニーを追随する戦略を取る可能性がある．そうすれば，ソレクトロンなどEMS企業にとって，日本は大変魅力的市場となる．

　ソニーは価格競争に入った成熟製品について，競争を続行するなら生産コスト競争力を強化する必要があるし，収益性が見込めない成熟製品については撤

退戦略もありうる．これまで，ソニーなどの日本メーカーは日本の工場の生産製品対象を国内高人件費に合わせて高付加価値化し，コスト競争に入った成熟製品についてはアジアなど低人件費国に生産拠点をシフトしてきた．ところが，ソレクトロンの成功により，日本メーカーのうち，電子機器メーカーは日本の国内工場の売却戦略という選択が可能となった．また，日本国内工場のみならず，台湾やシンガポールなど人件費が高騰してきたアジア先進国の工場も売却の対象となる．

ソレクトロンが買収してくれるなら，工場閉鎖が免れるので日本メーカーにとっては大歓迎である．工場閉鎖は，コストが発生するが，売却の場合は，コストは発生しないし，場合によっては，売却益をもたらす．ソレクトロンのようにOEMでグローバルサービス事業拡大を狙っている企業からみると，日本，台湾，香港，シンガポールなどで，リストラ対象となっている工場は絶好の買い物となる．

ソレクトロンのメリットはソニー工場を従業員込みで買収することによって，ソニーの生産技術ノウハウを入手することができる．ソレクトロンはソニー工場の買収後，コスト競争力を強化するため，リストラを実行し，ソニーカルチャーの優れた点を取り込む一方，ソレクトロンカルチャーを導入するはずである．ソレクトロンカルチャーは低コスト労働力を訓練し，高効率生産を実行する点にある．ソニー工場といえども，歴史の古い工場はソレクトロンからみれば改善の余地が多いかもしれない．特に，年功序列，過剰な人材配置，高平均年齢については，徹底的見直しを行なうであろう．中高年社員に対しては高スキル労働者を除いて，賃金減額か若年労働者への置換が実行されると思われる．比類ないスキル労働者を除き，年功のみで高賃金をとっている労働者はリストラの対象となるであろう．

3.3.7 ソレクトロン事例研究の日本企業への教訓

ソレクトロンは日系ベンチャーとして，日本企業の強みである生産技術に着

目し，OEM専業という黒子に徹することにより成長した．この戦略はアジア企業のモデルともなり，台湾や香港などで，追従メーカーが出現している．

　ソレクトロンにはベンチャーの基本であるニッチ狙いに徹したところに成功要因がある．シリコンバレーのベンチャーは一般的に，華やかで，陽の当たる市場で勝負する傾向にあり，ソレクトロンは，その逆の陽の当たらないニッチを狙った．ソレクトロンはもともと太陽電池メーカーであったため，社名に太陽のソーラーをとっているが，事業は陽の当たらないところを専門にするというユーモアもある．（実態を反映する命名ならばルナトロンの方が合っている．）

　ソレクトロンの戦略は1970年代から80年代にかけての日本企業の戦略と似ている．ソレクトロンがシリコンバレーで成功し始めた頃，日本企業は米国企業を席巻していた．ソレクトロンはシリコンバレーの日系企業として日本企業の強みをよく研究し，それを武器に成功した．一方，日本企業は一時の成功に傲慢となり，その後，競争力を失っていくが，ソレクトロンはそのコアコンピタンスが何であるかを熟知し，決して奢ることなく，ゴーイングマイウェイである．ソレクトロンがOEMの位置にとどまることを良しとせず，いつかは，表舞台に立つブランド企業になることを最終ゴールにしていないことが，企業戦略上，決定的に重要である．ソレクトロンの戦略は，一流を目指す先進企業が，付加価値が低いとみなして軽視する生産技術をコアコンピタンスとして生きていこうとする企業である．ソレクトロンは世界から注目を浴びる一流ブランド企業の陰に隠れて，そのブランドを生産技術の面から支える企業，スーパー二流であることを最終ゴールとする，極めてユニークな企業である．

　この謙虚さはもともと日本的な美徳である．ソレクトロンはシリコンバレーという競争激烈環境に身を置くゆえに，「奢るものは久しからず」の教訓を身につけている．日本企業として学ぶべき点が多い企業である．

　スーパー二流企業は決して，一流企業とはなれないかもしれないが，一流企業と自他ともに認めていた企業が，気がついたら，ソレクトロンのようなスーパー二流企業に重要技術をすべて押さえられてしまうことになる．

　一流企業を目指す企業は厳しい覇権競争の中，優勝劣敗を繰り返し，栄枯盛

衰が激しいが，それら一流志向企業群を陰で支えるスーパー二流企業は，派手に稼げることはないかわり，それほど激しい競争に曝されることもなく，細く長く，しぶとく生き残れるのである．

ソレクトロンの戦略は派手な覇権競争を好む白人文化を熟知したアジア人マインドの経営である．まさにこれこそ，いぶし銀のようなプロの経営である．日本生まれのソニーの方が，米国生まれのソレクトロンよりむしろ一流志向の白人文化に感化されているかのようであるのは実に興味深い．

3.4 デル・コンピュータ事例研究

ソレクトロンはSCMを武器にする正真正銘のEMS企業であるが，デル・コンピュータはSCMを武器にするコンピュータメーカーである．しかしながら，デルは従来型のメーカーとは異なり，技術よりも顧客サービスを重視するサービス企業である．そして，ソレクトロンと同様に，ビジネスモデルを見なおすことによって急成長している．

デル・コンピュータは企業定義上EMS企業ではないが，ソレクトロンのEMS戦略と合い通じるニッチ戦略で大成功している．そこで，EMS企業モデルであるソレクトロンとの比較分析のために，デルについても事例研究を実施する(山本尚利，2000；ワンソース・ドットコム；デル・コンピュータウェブサイト)．

3.4.1 デル・コンピュータの企業データシート

アドレス：www.dell.com/
住　　所：One Dell Way, Round Rock, TX 78682
電　　話：512-338-4400
売　　上：252億6,500万ドル(2000年1月)
従 業 員：36,500人
業　　種：コンピュータ製造販売

3.4.2 デル・コンピュータの事業内容

デル・コンピュータは，デスクトップパソコン，ノートブック，業務用システム(サーバー，ワークステーション含む)などのメーカーである．デルは単にパソコンメーカーにとどまらず，パソコン関連の周辺機器やソフトの販売も手掛ける．デルのSCMの特徴は，卸業者も小売業者も介さず，メーカー直販体制(ダイレクトモデル)を取っている点である．

3.4.3 デル・コンピュータの企業歴史

デル・コンピュータは，学生起業家，マイク・デルが創業した．マイク・デルは13歳のとき，切手コレクションの通信販売を始めた．16歳のとき，新聞購読勧誘のアルバイトをしていた．1983年，デルはテキサス大学オースチン校に入学したが，早速，IBM製パソコン用のRAMやディスクドライブを売るビジネスを始めた．IBMへの納入業者から，余剰生産品を安く下取りし，新聞広告やコンピュータ雑誌に広告を出し，小売価格を10ないし15％下回る価格でリセールした．1984年，デルの事業は月間8万ドルの売上を記録した．

デルは大学を中退し，パソコン販売事業を本格的に始めた．最初は，IBMのクローンマシンの販売を行なった．デルは小売価格を下げるため，通信販売による直販制を採用した．これは，13歳のときに手掛けていた切手の通信販売ノウハウを活かしたものであった．デルはIBMクローンマシンを40％も低価格で売ることに成功した．

こうして，デル・コンピュータが生まれ，今日の2兆円企業に成長することになる．デル・コンピュータが公開企業となったのは1988年と比較的遅い．1990年，売上は順調な伸びを示したが，デルオリジナル部品の開発やRISCチップの開発コストが増大し，収益を下げた．そこで，コンピュータの店頭小売業に参入した時期もあったが，1994年にコンピュータスーパーストア事業から撤退した．また，売上の増大とともに，過剰在庫に苦しむことになった．そこで，デ

ルは在庫コスト削減の工夫を行なった．在庫を減らすため，メールによる注文生産方式を採った．デルは競合メーカーよりは常に，低価格を実現することによりシェアを伸ばしてきた．

3.4.4 デル・コンピュータの企業戦略

デルは1998年，IBM，HP，コンパックに次ぎ，世界第4位のパソコンメーカーに成長したが，2000年にはパソコン世界市場でシェアが第1位に踊り出たと発表されている．1999年パソコン世界市場シェアはコンパックに次いでデルは世界第2位，米国市場では第1位である．しかしながら成長率を考慮すると，デルがコンパックを抜いて世界第1位のパソコンメーカーとなるのは時間の問題であった．表3-2，表3-3を参照されたい．

現在，デルは世界有数のパソコンメーカーに成長した．デルの市場の90％は，

表3-2　1999年ベンダー別パソコン出荷台数〈世界市場〉（単位：1,000台）

ベンダー	1999年出荷台数	1999年シェア(%)	1998年出荷台数	1998年シェア(%)	成長率(%)
Compaq	15,035	13.2	12,785	13.7	17.6
Dell	11,123	9.8	7,361	7.9	51.1
IBM	8,932	7.9	7,613	8.2	17.3
Hewlett-Packard	7,242	6.4	5,388	5.8	34.4
Packard Bell NEC + NEC	5,936	5.2	5,914	6.3	0.4
Gateway	4,638	4.1	3,561	3.8	30.2
Apple	3,821	3.4	3,070	3.3	24.5
その他	56,795	50.0	47,619	51.0	19.2
合　計	113,521	100.0	93,310	100.0	21.7

注：数値はデスクトップ機，デスクサイド機，ノート型，ラップトップ，ポータブル機，トランスポータブル機のパソコンが対象で，サーバー機は含まない．
出典：Dataquest
出所：デル・コンピュータウェブサイト

表3-3 1999年ベンダー別パソコン出荷台数〈米国市場〉(単位：1,000台)

ベンダー	1999年 出荷台数	1999年 シェア(%)	1998年 出荷台数	1998年 シェア(%)	成長率(%)
Dell	7,017	16.0	4,592	12.7	52.8
Compaq	6,861	15.7	5,815	16.1	18.0
Gateway	3,985	9.1	3,022	8.4	31.9
Hewlett-Packard	3,825	8.7	2,703	7.5	41.5
IBM	3,168	7.2	2,890	8.0	9.6
Apple	1,932	4.4	1,651	4.6	17.0
その他	17,046	38.9	15,387	42.7	10.8
合　計	43,833	100.0	36,060	100.0	21.6

注： 数値はデスクトップ機，デスクサイド機，ノート型，ラップトップ，ポータブル機，トランスポータブル機のパソコンが対象で，サーバー機は含まない．
出典： Dataquest
出所： デル・コンピュータウェブサイト

　業務用と政府用である．業務用については，大企業向け商品と中小企業向け商品をそれぞれ個別に用意している．米国ではSOHO(Small Office Home Office)を有する人が5,000万人に達している．SOHOはホームコンピュータシステムとインターネットインフラが整備されてこそ成立するが，この市場はデルにとって最重要の市場となっている．
　デルの特徴は，周辺機器との接続性がよいので，SOHOユーザーや法人顧客はマルチベンダーでコンピュータシステムを組むうえで，デル製品は導入しやすかった．デルは確かに，技術的には後追いメーカーであるが，リーズナブルな低価格の実現に優れたノウハウをもって，シェアを確保している．IBMやアップルが先進技術で勝負するのとは対照的である．
　業務用や政府用コンピュータシステムは全米中に分散する数万社におよぶ大小のシステムインテグレーターが競争入札で，システム一式を請け負う．システムインテグレーターは，コストを下げるため，機器の購入をやはり競争入札で行なう．デルはこのような状況で，価格競争力を発揮することになる．デルはさらに，業務用のOA機器の資産一式管理代行，リースも手掛ける．

デルは注文を受けて組み立てる方式，ビルトトゥオーダー（BTO）で在庫コストを下げ，画期的コスト競争力を実現した．これはアップル・コンピュータのアイマックにも模倣されるほどである．

　デルは今日，グローバル企業に成長し，世界40カ国に国別ホームページを開設してインターネットによる受注を行なっている．プレミアページと呼ばれるサイトを全世界に開設しており，全て国別言語体系としており，延べ40,000ページにおよぶ．デルはオンラインショッピングサイトにおいて30,000点におよぶコンピュータ関連製品を取り扱っている．オンラインショッピングで豊富な品揃えを用意して，多様な顧客ニーズに応えている．

　デルはオンライン販売およびオンラインサポートを中心に事業展開しているので，ユーザーはSOHOオーナーなどインターネット多用ユーザーである．そこで，インターネット利便性を高めるための製品販売を特に重視している．インターネット普及に合わせて売上が増大するような事業体制を整備している．デルのユーザーはセミプロのコンピュータユーザーが多いが，彼らに対するオンラインコンサルティングサービスを行なっている．さらにデル・ベンチャーを通じて起業支援も行なっている．

　ここまで，サービスを徹底すればデルのファンが増えるのは当然である．

3.4.5　デル・コンピュータのSCM戦略

　デルがコンパックを追い越す勢いを示しているが，その成功の鍵は元々の通信販売がインターネット普及により加速された点にある．さらに，ソレクトロンと同様に，SCM戦略を重視した点も無視できない（キャサリン・フレッドマン，1999）．

　デルのSCM戦略の第一優先項目は「顧客志向」である．コンピュータシステム購入顧客の望みは高品質，カスタマイズ製品，適正価格，短納期，完璧なアフターサービスが基本にある．それに加えて，高機能性，拡張性，相互接続性，アップグレード容易性，良操作性，豊富な品揃え，ワンストップショッピング

などと顧客ニーズは際限ない.

　顧客ニーズに限りなく対応することがビジネスの基本である．顧客ニーズを実現するためには，顧客利益に反する無駄なコストを徹底的にカットすることである．しかも，株主満足と社員満足のための収益を確保しなければならない．

　デルはこのマジックを実現し，持続させることによって大成長を維持している．マジックの秘訣とは，自社企業組織の贅肉排除は大前提として，流通マージンの最小化，部品在庫コストの最小化，広告宣伝コストの最小化という基本戦略の実行である．流通マージン削減のためには，卸，小売の中間業者介在の省略を徹底すればよい．その代わりオンライン販売となる．また，店頭買いの個人ユーザーへの販売はあきらめざるをえない．

　在庫コスト最小化のためには，注文生産と短納期を両立させればよい．広告宣伝費削減のためには，マスメディア広告をできるだけ減らしてウェブサイト充実へのシフトを行なえばよい．

　さらにターゲット顧客セグメントを徹底して，効率よいマーケティングを実現すればよい．結果的に大量一括購入の法人ユーザーにターゲットを絞り，ディスカウント価格提示による大量販売に心掛けた．

　現在，デルはブランド価値を確立したので，不特定多数の潜在顧客を対象とする高コストのマスメディア広告費を削減することができる．このコスト削減分を顧客満足に振り向ければデルの競争力がさらに増すことになる．

　デルの戦略は店頭販売ではないため初心者ユーザーの多い市場では不利であるが，習熟ユーザーの多い米国のような市場では断然有利となる．IT革命によって，インターネットの普及が進むほど，デルにとっては有利となる．

　デルの戦略は，高度技術を要する半導体チップや電子部品などの供給メーカー間の競争が激しく，ハイテク部品において買い手市場が成立していることが前提となっている．買い手市場においてデルは購入部品の価格決定権を確保できる．しかしながらハイテク部品の需給が逼迫すると日本のコンピュータメーカーのように，部品と組立の両方を手掛けるメーカーのほうが有利となる．そこで，デルは部品供給者のコントロールに最善の注意を払っている．

3.4.6 デルとソレクトロンの共通性と相違性

　デルとソレクトロンは両者ともSCM戦略とコアコンピタンス戦略を徹底して実行することによって成功している．また，両者とも画期的な先進技術により競争優位を発揮しているわけではない．両者とも1980年代における日本企業の成功モデルを参考としている．

　デルの購入品外注による在庫圧縮戦略はトヨタのカンバン方式に代表される日本の系列取引方式と類似性がある．もともと米国製造業は自動車産業にみられるように，内製方式が主流であった．米国自動車業界が敢えて内製方式を持続せざるをえなかったのは，ジャストインタイムに部品を確保するためであった．外注方式はリスクがあった．トヨタなど日本の自動車業界にとっても，外注方式は欠品や納期遅れリスクが高かったため，系列化することによってリスクを軽減した．

　現在，コンピュータ部品ベンダーは世界規模で育成されたので，デルは系列化することなく，低リスクで在庫圧縮が可能となっている．コンピュータ機能部品は空輸主体であるから，米国内の部品供給者がカルテルを結んで，価格コントロールすれば，デルはアジアから部品調達することも容易となった．デルにとって部品供給者の系列化は当面必要ないのである．

　EMSのソレクトロンにとっても，電子機器製造のため外部企業からの部品調達は容易となり，グローバル調達体制をとることによって，系列化せずして，購入価格決定権を確保できるのである．

　エレクトロニクス業界は他の業界に比べて部品や機器の国際規格化が進んでいるので，グローバル調達しやすい．特にマイクロ電子部品は空輸の発達によって，世界中どこからでも短納期で入手することが可能となっている．

　以上述べたのはデルとソレクトロンのSCM戦略上の共通性である．

　それでは一方，両者の相違性とは何であろうか．

　SCM戦略の下，デルはブランドを保有するのに対し，ソレクトロンはOEMの企業に徹している．この点は両者の相違点である．

デルはコンピュータメーカーとしてブランドを確保している．また，部品メーカーではなく，組立メーカーである．一方，ソレクトロンはコンピュータに限らず，電子機器なら広範囲に製造を請け負うことができる．最終製品の組立まで引き受けられると同時に，PCB（プリント回路基板）のような中間製品の製造も可能である．

電子機器や部品の標準化が進めば進むほど，ソレクトロンは有利となる．複数の顧客から受託する製品製造に共通の製造設備が使用できるからである．ソレクトロンは製造工程管理を徹底すれば，設備稼働率を大きく上昇させることができる．そして設備償却を早めることができる．また，製造設備の流用性を高めることもできる．そうなれば製造原価の競争力が飛躍的に高まる．大量生産事業のみに特化することにより，生産技術ノウハウが蓄積され，競争力をさらに高める．

ソレクトロンにとっての脅威は，顧客企業が技術流出を恐れて，製造委託を発注しない点にある．特に，顧客にとっての戦略的新製品には生産技術にも新技術が導入されるので，顧客は製造外部委託を敬遠する可能性がある．米国企業に比べて，日本企業はその傾向が強いと思われる．また，品質でトラブルを出すと，信用が失墜して，受注急減を招く恐れがある．それを避けるために，新製品製造受託プロジェクトでは顧客開発担当者との擦り合わせに充分精力を使う必要がある．

ソレクトロンの顧客は，製造能力を有する場合もあるから，顧客がソレクトロンに外注したほうが，メリットがあると判断しないかぎり，製造外注を受託することはできない．この意味で，ソレクトロンは生産技術開発と技術系人材の教育・訓練投資を怠ることができない．ソレクトロンがシリコンバレーで成功したのはアジア系の優秀な人材を，比較的低コストで豊富に調達できたためであろう．

ソレクトロンが安定経営を維持するためには，周辺に生産技術でなく，革新的コンセプトやソフトウェア的知的所有権をコアコンピタンスとする顧客が豊富に存在することが条件となる．製造技術を手放すことに疑問を呈する顧客が

多い市場ではソレクトロンのような企業が成長することは難しいといえる．

3.4.7 デル・コンピュータの成功要因

1980年代，パソコン事業はIBMやアップル・コンピュータなどが先進技術で差別化し，圧倒的優位性をもっていた．デルのような，新興ベンチャーはパソコン事業ではまったく歯が立たないと考えるのが，1980年代後半の世界の常識であった．

しかし，デルはパソコンの需要の伸びを確信し，パソコンジャイアンツとどのようにして互角に競争するかを真剣に考えた．それは，小売価格をいかに下げるかであった．価格を下げることでシェアをとる．しかしながら，安かろう・悪かろうでは意味がない．性能と品質が遜色ないという前提で，価格が大幅に安い，という評判を勝ち得たことが，デルの成功要因である．それは，手抜きしてコストを下げたのではなく，リーズナブルな方法でコストを下げたからこそ，良かろう・安かろうという評価を得たのである．

パソコンが日用品化するにつれて，技術リーダーではなく，価格リーダーが競争力の決め手となる．とくに業務用や公共用は投資コストと償却コストを下げたいというニーズが強く，必要最小限の性能がでていれば，価格は安いほど好ましい．メーカーはどこでもよい．フェアな競争入札が一般的な米国では性能が要求値を満足していればメーカーを指定できない．デルはこの業務系，政府系のOA投資の市場ニーズを的確に捉えている．

デルはまた，大手競合メーカーの弱点を突いた．大手は，既製品の量産には強いが，顧客の細かい注文に対応するだけの柔軟性と機敏性に欠ける．デルはローエンドの製品にたいしても注文生産を可能にして，大手の盲点を突いた．

デルと同じ戦法が日本にも通じるかどうか定かでないが，少なくとも，米国人はIBM製と同じレベルのパソコンが大幅に安く買えるのなら，どこのメーカーでもかまわないという国民性を有している．製品の善し悪しを自分自身の判断で行なう．この国民性のおかげでデルは大成功できたといえる．

21世紀の日本においてインターネットの普及によりコンピュータ習熟ユーザーが増えれば増えるほど,デルのようなSCM戦略が効を奏する.

3.5 その他の海外EMS企業

米国におけるEMS企業のトップ企業はソレクトロンであるが,その他にSCIシステムズ,セレスティカ,フレクストロニクス,ジェイビル・サーキット,サンミナなどが大手EMS企業として挙げられる(マニュファクチャリング・マーケティング・インサイダーズ;ワンソース・ドットコム;稲垣公夫,2001).

3.5.1 SCIシステムズ

(1) SCIシステムズ企業データシート

アドレス: www.sci.com/
住　　所: 2101 West Clinton Avenue, Huntsville, AL 35805
電　　話: 256-882-4800
売　　上: 83億4,260万ドル(2000年6月)
従業員数: 31,707人

(2) SCIシステムズの事業内容

SCIはアラバマ州ハンツビルに本社があるが,ハンツビルにはNASAのマーシャル宇宙飛行基地があり,航空宇宙産業集積都市である.SCIは1961年に創業された伝統ある企業である.もともとNASAの宇宙船開発ベンダーとして成長した企業である.

SCIは航空宇宙機器および軍用電子機器の開発,設計,エンジニアリングを手掛ける防衛機器メーカーであった.この分野は高品質,高信頼性を要求されるハイテク製造業であるから,民間用コンピュータ,通信機器のEMS事業に参入

することが可能であった．ベトナム戦争後の1970年代なかば，米国構造不況期にNASAの予算が大幅削減されたが，SCIは生き残りを賭けて，民間用エレクトロニクス機器のEMS事業に参入して成功した．

しかしながら現在，SCIはボーイング向けEMSを手掛けているが，航空宇宙EMS売上比率は数％でしかない．

現在SCIの主要顧客はヒューレット・パッカード，コンパック，デルなどPCメーカーが主流である．また，SCIはシスコ，ノーテル，ノキア，エリクソン，フィリップスなどから通信機器のEMSプロジェクトを受注している．SCIは17カ国に39工場を有している．進出している地域は北米，ヨーロッパ全土，中南米，アジアであるが，日本には進出していない．

3.5.2 セレスティカ

(1) セレスティカ企業データシート

アドレス： www.celestica.com／
住　　所： Toronto M3C 3R8, Canada
電　　話： 416-448-2211
売　　上： 52億9,940万ドル(1999年12月)
従業員数： 23,000人

(2) セレスティカの事業内容

セレスティカは1996年，IBMトロント工場がIBMからスピンアウトして創業された新興EMSである．IPO(株式公開)は1998年6月である．2000年9月時点で米国，欧州，アジア，中南米地域12カ国に33の工場を保有するが，現在，企業買収によって経営規模の急拡大に走っている．

セレスティカは北米中心のEMSであり，他社に比べてグローバル展開が遅れていた．そこで1999年，チェコ，ブラジル，マレーシアに進出，2000年，IBM

イタリアPCB(プリント回路基板)組立工場，NECブラジル通信機器工場を買収している．

セレスティカはメインフレームコンピュータ，サーバー，ワークステーション，レーザープリンター，ファックスマシンなどOA機器の受託生産に強いが，ハイエンド製品のEMSに重点を置いている．顧客企業はデル，EMC，富士通-ICL，ヒューレット・パッカード，シリコングラフィクス，IBMなどである．

3.5.3 フレクストロニクス

（1） フレクストロニクス企業データシート

〈米国サンノゼ本社〉

アドレス： www.flextronics.com/
住　　所： 2090 Fortune Drive San Jose, CA 95131-1823
電　　話： 408-576-7000
売　　上： 18億760万ドル(2000年3月)
従業員数： 27,000人

〈シンガポール本社〉

アドレス： www.flextronics.com/
住　　所： 514 Chai Chee Lane 469029, Singapore
電　　話： 65-449-5255
売　　上： 43億710万ドル(2000年3月)
従業員数： 37,200人

（2） フレクストロニクスの事業内容

フレクストロニクスは米国サンノゼとシンガポールに本社を有する双極型企業である．1969年創業で，サンノゼのローカルなPCB(プリント回路基板)組立請負のOEM企業であったが，1981年シンガポールに進出して成功した．

1980年代米国不況時，サンノゼ本社がいったん閉鎖され，シンガポール工場が独立会社として売りに出された．現CEOのマイク・マークス氏は米国フレクストロニクスの元工場長であったが，シンガポールのフレクトロニクスを買収し，経営を軌道に乗せた後，いったん倒産したサンノゼ工場を再生させ，フレクトロニクス・インターナショナルとしてグローバルEMS企業に蘇らせた．

フレクストロニクスはPCB組立を得意として，顧客はケーブルトロン，シスコ，コンパック，エリクソン，ヒューレット・パッカード，ルーセント，モトローラ，ノキア，パームコンピュータ，フィリップスなどである．

フレクストロニクスは現在，北米，欧州，アジア，中南米に53工場を有するグローバルEMS企業に成長した．ちなみにマイクロソフトの次世代コンピュータゲーム機「Xbox」はフレクストロニクスがOEMを請け負うことが決まっている．

3.5.4　ジェイビル・サーキット

(1)　ジェイビル・サーキット企業データシート

　アドレス： www.jabil.com/
　住　　所： 10560 Ninth Street North St. Peterburg, FL 33716
　電　　話： 727-577-9749
　売　　上： 35億5,830万ドル(2000年8月)
　従業員数： 19,115人

(2)　ジェイビル・サーキットの事業内容

ジェイビルは米国フロリダ州セントピータースバーグに本社を置く．通信機器，電子機器のPCB(プリント回路基板)のOEMを得意とする．PCBの大量生産のみならず，PCB設計を受託している．顧客企業はシスコ，ゲートウェイ，ヒューレット・パッカード，ジョンソン・コントロール，クォンタムなどである．

ジェイビルは現在,米国,欧州,アジア,中南米8カ国に15工場を保有するが,競合するグローバルEMS企業に比べて世界拠点は多くない.

(3) ジェイビル・サーキットの日本参入戦略

ジェイビルは2001年2月6日,東京に日本法人を設立し,日本でEMS事業を展開すると発表した.日本市場参入はソレクトロンがソニー工場を買収したニュースに刺激された動きである.

ジェイビルは電機,自動車電装品,通信機器,コンピュータなどの日本企業の工場を買収することによって日本参入を図る計画を立てている.

3.5.5 サ ン ミ ナ

(1) サンミナ企業データシート

アドレス: www.sanmina.com/
住　　所: 2700 North First Street San Jose, CA 95134
電　　話: 408-964-3500
売　　上: 39億1,160万ドル(2000年9月)
従業員数: 24,000人

(2) サンミナの事業内容

サンミナは米国サンノゼに本拠を置く中堅EMSであるが,ソレクトロンの後追いモデルとして注目される.表3-4にソレクトロンとの経営規模比較を示す.

表3-4 ソレクトロンとサンミナの経営規模比較

EMS企業	ソレクトロン	サンミナ
2000年売上	141億3,750万ドル	39億1,160万ドル
従業員数	48,000人	24,000人

サンミナはPCB(プリント回路基板)の組立OEMを主力事業としているが,ソレクトロンの成功をみて,EMS企業を目指している.通信基幹システムに搭載されるバックプレーン用大型PCBなど高付加価値PCBを得意とする.PCB生産に関しては,単にOEMに留まらず,PCB向け資材調達,資材管理,設計コンサルティングまで受託範囲を拡大している.

サンミナ子会社のサンミナ・ケーブルシステムズは電子機器内の配線ケーブルシステム,ワイヤーハーネスのOEM企業として業績を伸ばしている.2000年6月,インターコネクト製品の専業メーカー,ハドコを買収している.

サンミナは米国内の他,カナダ,アイルランドにプラントを31カ所保有している.1998年から1999年にかけて,アルトロン,テロ・エレクトロニクス,マニュトロニクスなどの同業企業を買収することによって工場数の拡大に走っている.またカナダ工場はノーテルネットワークスの工場を買収することによって入手した.

各プラントには購買部門,生産管理部門,生産部門,品質管理部門を保有し,単独にEMS事業が可能となっている.サンミナの所有する工場が単独で自立化されているということは,プラント個々にいつでも売却可能となるように経営されていることを意味する.そのときの経済状況によって,EMS事業の受注量は絶えず変動するので,多数のプラントの売り時と買い時を見計らいながら,M&Aと売却を繰り返すことによって,企業存続を図っている.

参考文献

稲垣公夫『EMS戦略』ダイヤモンド社,2001年.

キャサリン・フレッドマン著,国領二郎(監訳),吉川明希(訳)『デルの革命』日本経済新聞社,1999年.

山本尚利『米国ベンチャー成功事例集』アーバンプロデュース,2000年.

URL

ワンソース： http://www.onesource.com/
ソレクトロン： http://www.solectron.com/
ソニー： http://www.sony.co.jp/
デル・コンピュータ： http://www.dell.com/
マニュファクチャリング・マーケティング・インサイダーズ： http://www.mfgmkt.com/

第4章

国内のEMS企業

山本尚利

4.1 日本の優良EMS企業の事業戦略平面展開

　日本の優良製造業の代表は電機業界である．かつて世界の電機業界は米国GEやウェスティングハウスやRCA，あるいは欧州のシーメンス，フィリップスが世界市場を主導していた．しかしながら，戦後において，日本の電機業界が世界市場に台頭し，21世紀初頭においても日本の電機業界の総合力は世界一と言って過言ではない．

　図4-1に日本の総合電機業界の戦後における事業戦略平面展開の構図を示す．

　図4-1に示す総合電機製造業はまさに広義のEMS(Excellent Manufacturing & Services)あるいはEMS(Engineering & Manufacturing Services)であるとみなせる．エレクトロニクス技術は製造業の基本技術であるから，広範な事業ドメインの展開が可能となる．ここで，事業戦略平面展開とは，エレクトロニクス技術をコアコンピタンスとして，技術資産や技術資源をテコに事業多角化を図ることを言う．

　したがって，平面展開とはグローバル化は含むが，あくまでメーカーとしての基軸を確保した二次元事業展開である．それに対して，脱メーカー事業展開は立体的多角化である．例えば，ソニーがコロンビア映画を買収して映画事業に参入したり，ソニー生命という金融サービス業に参入する事業展開である．

　ところで，かつてGEやシーメンスは戦前から総合電機メーカーとしての多角化戦略を展開してきた．日本の大手電機メーカーは欧米の総合電機メーカーを

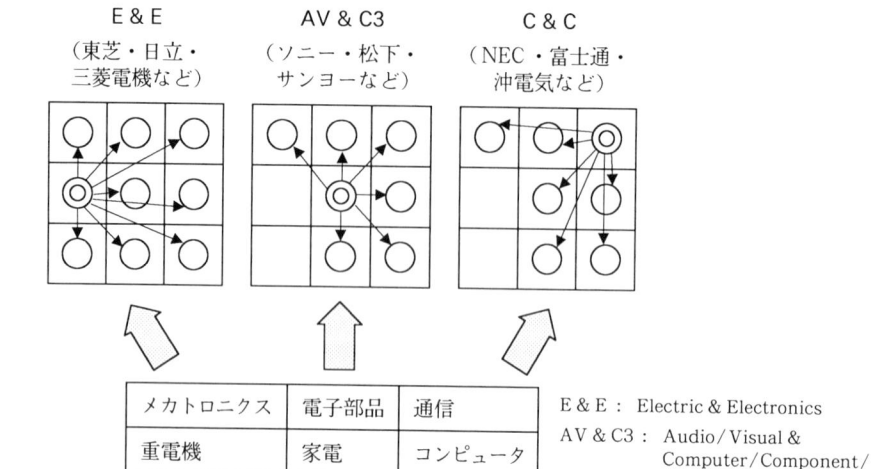

E & E	AV & C3	C & C
(東芝・日立・三菱電機など)	(ソニー・松下・サンヨーなど)	(NEC・富士通・沖電気など)

メカトロニクス	電子部品	通信
重電機	家電	コンピュータ
電子材料	AV	OA機器

E & E : Electric & Electronics
AV & C3 : Audio/Visual & Computer/Component/Communication
C & C : Computer/Communication

出所: 山本尚利『中長期技術戦略プランニングガイド』日本能率協会マネジメントセンター

図4-1　日本総合電機事業戦略

モデルとして，今日世界一の王座を築くことに成功した．戦後高度成長期，日本の総合電機業界の世界市場への挑戦は大成功して，GE，シーメンスといえども日本総合電機メーカーほどの多彩な多角化に成功することはできなかった．

日本総合電機メーカーは図4-1に示すように，E & E，AV & C3，C & Cの3タイプに分類される．

① E & E企業群

E & E企業群は東芝，日立，三菱電機の総合電機御三家である．重電機をコアにして，全方位多角化事業展開に成功している．

同系統に富士電機があるが，もともと古河電気工業などを有する古河グループがシーメンスと包括提携することによって日本で生まれた日独合弁企業をルーツにしている．富士通は富士電機の通信事業部門が独立してできた．現在では経営規模において富士通のほうが富士電機を追い抜いている．まさに子亀が親

亀を追い越したといえる．

　重電機は電力機器市場を主要市場としている．この技術は発電機，変電機器をルーツにしている．その技術の源流はGEやシーメンスであるが，現在はABBが世界市場を席巻している．ABBはスウェーデンのアセアという電機メーカーとドイツのブラウンボブリというエンジン機器メーカーが合弁して再生した多国籍企業で，現在本社をスイスに置く．

　GEやウェスティングハウスなど米国重電機メーカーはシーメンスやABBなど欧州企業，東芝，日立，三菱電機など日本重電機メーカーの米国市場参入に押されて，重電機器市場からほとんど撤退している．

　GEは発電プラント市場では発電用コンバインドガスタービン機器に特化し，変電機器市場からは撤退した．原子力プラント事業も東芝や日立にシフトして撤退しつつある．GEのライバル，ウェスティングハウスも原子力発電プラント技術をすべて三菱重工にライセンスシフトして撤退した．変電機器事業もABBやシーメンスに売却している．

　GEは従来からテレビ放送会社NBCを所有しているが，ウェスティングハウスはGEの事業戦略に倣って，重電事業を売却した資金で，同じくテレビ放送会社CBSを買収しマルチメディア企業へ変身した．このように，米国重電機器メーカーはメーカーからマルチメディアサービスへ大胆に事業シフトしている．

　GEはさらにファイナンス事業に参入しており，GEキャピタルはGEの事業ポートフォリオ戦略における主力事業に成長している．GEはまさに広義の優良EMS (Excellent Manufacturing & Services) のモデル企業に脱皮している．

② AV & C3 企業群

　AV & C3 企業群はソニー，松下電器グループ，サンヨー，シャープなどである．

　米国ではAV & C3 企業はコンシューマーエレクトロニクス企業と呼ばれる．RCAやフィリップスという欧米先行モデルを有する．

　RCAはGEによる買収を経て，現在，フランスの大手家電メーカー，トムソ

ンに買収された．今，RCAブランドのみ生き残っている．ところで韓国大宇グループは1990年代なかば，トムソンを買収しようとしたが，フランス国民の猛反対にあって，この買収劇はご破算となった経緯がある．

RCAはロシア系移民のデビッド・サーノフという起業家によって戦前，創業されたが，もともとGEとウェスティングハウスが合同出資していた．現在，世界の人々にとって不可欠の機器，ラジオやテレビはRCAによって商品化開発されている．

したがって松下，シャープ，ソニー，日立などのコンシューマーエレクトロニクス技術の源流はRCAおよび，その研究所部門，RCAデビッド・サーノフ研究所にある．なおデビッド・サーノフ研究所は現在，SRI(スタンフォード研究所)の子会社となっている．

ソニーはラジオなどのAV系家電メーカーからスタートしたが，ラジオやテレビの技術はRCAデビッド・サーノフ研究所から導入し，CD基本技術をフィリップスから導入している．日本フィリップスはソニー拠点が集積する品川地区に立地しており，ソニーとの関係は深い．

コンシューマーエレクトロニクス分野における日本優良EMS(Excellent Manufacturing & Services)の国際競争力は抜群であり，ソニーやパナソニック(松下グループ)は世界ブランドとなっている．ソニーやパナソニックはトヨタやホンダと並んで日本のブランドイメージを象徴している．

上記優良EMSは，いったんブランド力を確保すると，あらゆる事業に参入することが可能となる．ブランド企業にとっての経営課題は確立したブランドイメージをいかに維持するかにかかってくる．そのために，品質管理がブランド維持にとって極めて重要となる．

③ C＆C企業群

C＆C企業群は，NEC，富士通，沖電気工業など，いわゆるNTTファミリー企業が中心となる．NTTの通信基幹システムの通信機器事業をコアにして，コンピュータや半導体事業に参入している．

C＆C企業は米国電話会社AT＆Tをモデルにしている．E＆Eがトーマス・エジソン系とすればC＆Cはグラハム・ベル系である．

NECはAT＆Tグループの通信機器製造企業，旧ウェスタンエレクトリックの技術を導入している．一方，富士通は前述のようにシーメンス系である．

NTTの前身，日本電信電話公社がかつて唯一無二の顧客であったC＆C企業は，否応無しにNTTファミリーに組み込まれたが，そのおかげで日本の通信機器市場を独占してきた．

E＆E企業の雄，東芝は長い間，NTTファミリーに入るべく奮闘してきたが，C＆C企業に阻まれてNTTファミリーへの仲間入りが困難を極めた．しかしながら，電電公社が1985年に民営化されてNTTになった時点で，初代NTT社長，真藤恒の時代に東芝はNTT市場に参入することに成功した．真藤恒は東芝の元社長，土光敏夫と石川島播磨重工時代に上司・部下の関係にあったことが東芝にとって幸いしている．

このようにして，日本においてE＆E企業，AV＆C3企業，C＆C企業が広範囲のIT市場に相互乗り入れを果たしている．

それぞれ，生い立ちの違いはあるものの，これらの優良EMS企業群は情報・通信・エレクトロニクス技術という技術基盤を有するので，多彩な事業展開が可能となるのである．これらの多角化によって市場におけるブランドを獲得できれば，ソニーのように，脱メーカー指向の立体的多角化が可能となる．

日本には上記優良EMS企業の他にも，事業戦略の平面展開に優れる企業群としてOA機器出身の日本IBM，日本HP，富士ゼロックス，リコー，キヤノン，セイコーエプソンなどが存在する．これらの企業もエレクトロニクス技術を基盤にしているため事業戦略の平面展開が比較的容易なのである．

さらに，富士ゼロックスを傘下に入れた富士写真フイルム，カメラ出身のニコン，オリンパス，ミノルタ，また京セラやオムロンなど京都ベンチャー出身企業が事業戦略の平面展開に優れる．これら優良企業群は日本にとって，かけがえのない技術資産である．

4.2 ソニーのEMS事例研究

ソニーの場合，その事業戦略はメーカーを基軸にする平面的事業展開と，インターネット時代に対応するための脱メーカーとしての立体的事業展開の二面性を有する．そこで，本章では両者を分けて論じる．

4.2.1 ソニーの事業戦略平面展開

ソニーの優良企業としてのEMS（Excellent Manufacturing Services）企業戦略をモデル化すると，図4-2に示すようになる．

ソニーは1980年代から90年代にかけて，優良EMS事業戦略フローを忠実に実行することによって，今日の世界ブランドの地位を手中にしている．

ソニーはノーベル物理学賞受賞者の江崎玲於奈博士を輩出したように，もともとはトランジスタ技術を有しており，トランジスタをラジオに応用して，ポータブルラジオやウォークマンを世界的にヒットさせた．そのため，ソニーの社内カルチャーは技術プッシュ，単体機器指向メーカーであった．ソニーの強みは国際拠点先行立地で，日本の大手メーカーを凌いでいた点にある．

家電メーカーとしてのソニーは日本では新興企業であったため，ホンダと同様，日本市場より，海外市場を優先せざるを得なかった．ソニーやホンダは日本市場におけるハンディキャップを克服して，今日の世界ブランド地位を確保している．ソニーやホンダの日本競合メーカーに対する強みは，世界ブランド力，グローバル拠点構築，技術資源のグローバル化などにあった．そこで，ソニーの場合，新製品開発において最初から世界市場を目標にし，世界中に分散するR＆D拠点や生産拠点を活用することができた．

ソニーは世界市場の動向，世界の技術革新動向をいち早く入手して，イノベーションに取り組むことができた．図4-2のEMSグローバル新事業戦略モデルから，パソコン，デジタル機器，モバイル機器，ゲーム機器などで世界市場をリードしてきた．例えば，パソコンやゲーム事業はソニーにとって後参入である．

第4章 国内のEMS企業

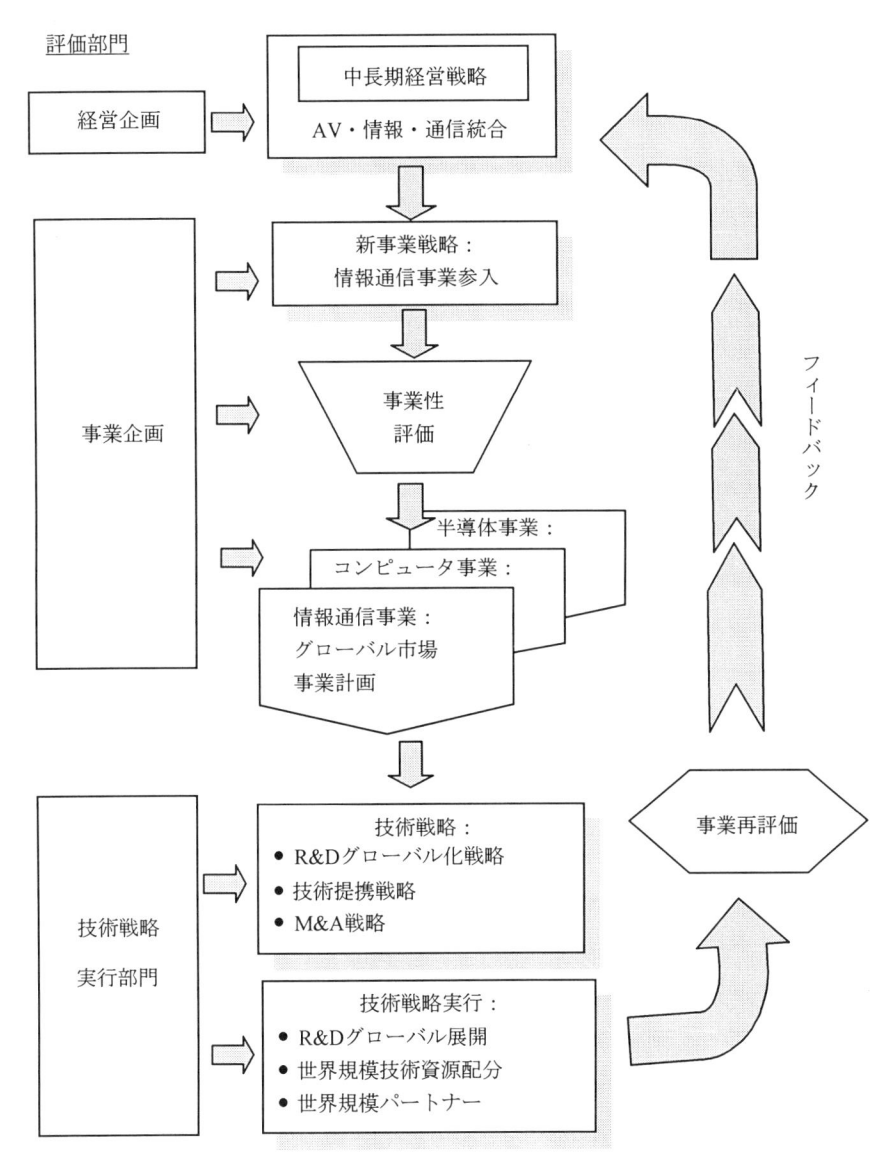

評価部門

```
経営企画 ⇒ 中長期経営戦略
           AV・情報・通信統合
              ↓
事業企画 ⇒ 新事業戦略：
           情報通信事業参入
              ↓
        ⇒ 事業性評価
              ↓
        ⇒ 半導体事業：
           コンピュータ事業：
           情報通信事業：
           グローバル市場
           事業計画
              ↓
技術戦略  ⇒ 技術戦略：
実行部門    ● R&Dグローバル化戦略
           ● 技術提携戦略
           ● M&A戦略
              
        ⇒ 技術戦略実行：
           ● R&Dグローバル展開
           ● 世界規模技術資源配分
           ● 世界規模パートナー
```

フィードバック

事業再評価

出所： 山本尚利『中長期技術戦略プランニングガイド』日本能率協会マネジメントセンター

図4-2　優良企業事業戦略フロー

ビデオカメラやデジタルカメラ事業が先行参入であるのと好対照である．

　ソニーのパソコン事業成功の原点には，1980年代後半のワークステーション「ニューズ」シリーズの製品開発技術資源が存在する．1990年代なかばからのインターネットの普及によりパソコン市場が業務用から個人用に拡大し，世界的にパソコン市場が高成長した．ソニーはパソコン事業立上げをグローバル展開で実行し，他の日本競合企業の挑戦を振りきった．1980年代に確立済みの世界ブランド力，世界中に構築された生産物流ネットワークを活用することによって，後参入というハンディキャップをいとも簡単に克服した．

　パソコン市場のおいしいクリームビジネスはマイクロソフト(ウィンドウズOSとアプリケーションソフト)とインテル(マイクロプロセッサー)に支配されている．にもかかわらず，ソニーが後参入のリスクを冒して，あえてパソコン，バイオシリーズを携えて激烈なパソコン市場に打ってでたのは，業務用OA機器としてではなく，コンシューマーエレクトロニクス品揃えのひとつとして必須だったからにほかならない．将来，パソコンはマルチメディア端末，ネットワーク端末として，IT社会においてあらゆる生活シーン，ビジネスシーンに登場することは明らかであった．パソコンはIT社会においてテレビのような必需商品となりつつある．

　パソコンのコモディティ化(日用品化)がどれほど進んでもソニーのパソコンは決して低価格勝負には加わらず，あくまで，ソニーブランドにこだわって孤高を守っている．価格競争に巻き込まれ，品質問題でブランドイメージを破壊することを回避するためである．

　ソニーのコンピュータゲーム機器，プレイステーションシリーズも，世界のゲーム機市場を席巻している．コンピュータゲームも，パソコンがアップル社発であったのと同様，シリコンバレーベンチャー，アタリ社の開発が源流にあるが，その後，任天堂やセガなど日本メーカーが世界市場を主導してきた．

　日本がゲーム機器で成功した要因は日本が漫画やアニメ大国であるという文化的要因に根ざすのは確かであるが，世界の人々を驚かすような大衆的価格設定にあった．アタリ社は任天堂など日本メーカーの価格戦略に完敗したのであ

る．いまや任天堂はNintendoとして，世界の子供たちから有名になった．また，任天堂が日本メーカーであったため，ゲーム機器イコール日本製品というブランドイメージが世界に定着した．

ところで，ソニーはゲーム機器市場においてもパソコン市場と同様，後発であるが，ソニーブランド威力と，画期的ソフト開発投資によって瞬く間に世界一のゲーム機メーカーとなった．任天堂がゲーム機世界市場に先鞭をつけたが，世界の人々からみると，SONYもNintendoも同じ日本ブランドであった．このことはソニーにとって大きな追い風となった．なお，プレイステーションは世界でもっとも自尊心の高い国民といわれるフランス人をも狂喜させるほどの革新的商品である．

マイクロソフトはゲーム世界市場におけるソニーの成功を横目でみて，「Xbox」というゲーム機を販売する計画を有している．ソニーの脱メーカー戦略と逆に，脱ソフト専業戦略を歩もうとしている．マイクロソフトは製品開発力とブランド力を有するが，Xboxのハード量産能力を持たない．そこで，伝統的EMS(Electronics Manufacturing Services)に依存することになる．現在，第3章3.5.3項で述べたフレクストロニクスのシンガポール拠点(サンノゼとシンガポールに本社を持つ双極型EMS)にOEM(Original Equipment Manufacturing)させている．

マイクロソフトのゲーム市場参入はソニーにとって脅威である．

4.2.2 ソニーの事業戦略立体展開

ソニーの事業戦略は伝統的メーカーの事業戦略論からは説明できない側面を有する．図4-1に示す日本の総合電機事業戦略は平面的ポートフォリオで説明できる．1980年代のソニーもこの平面ポートフォリオで説明できた．しかしながら，現在のソニーは平面ポートフォリオでは説明できなくなっている．

21世紀のソニーは図4-3に示すような立体ポートフォリオで説明できる．

ソニーの現在の事業戦略は経験産業論で説明できる．経験産業論(Experience

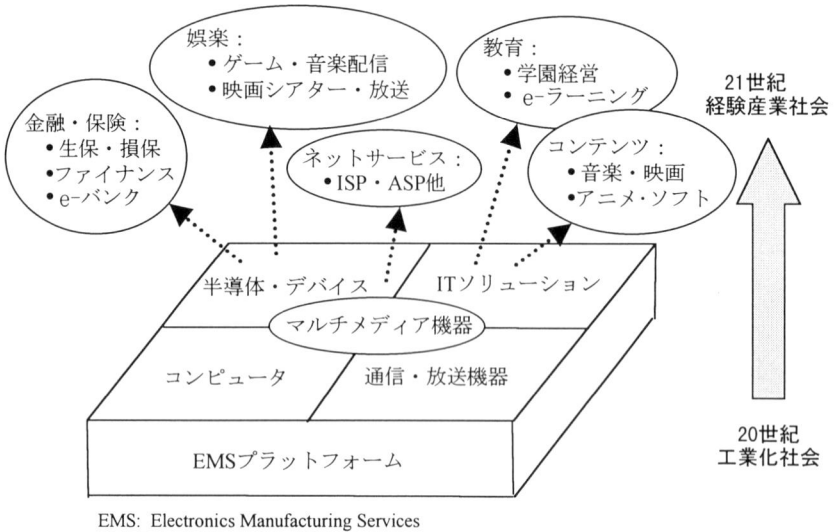

第Ⅱ部　EMS企業の成功事例

EMS: Electronics Manufacturing Services
ISP: Internet Service Provider
ASP: Application Service Provider

図4-3　ソニーの事業戦略立体展開

Industry Theory)は1985年，米国シンクタンクSRI(スタンフォード研究所)のジェームス・オグルビー博士の提唱した，脱工業化社会を説明したライフスタイル理論のひとつである(山本尚利, 1991).

図4-4に経験産業コンセプトを示す.

日米欧の脱工業化先進国では，社会インフラの充実とともに，消費者はモノの消費から，経験消費に価値観をシフトするようになるという仮説である．この理論はSRIのVALS(Value and Lifestyles)という消費者価値観分析プログラムから開発された．VALSの基本理論は心理学者マズローの5段階欲求説を採用している.

21世紀の先進国消費者は，ソニーなどの提供するマルチメディア機器やインターネットインフラをコモディティ(日用品)として利用するようになる．これらは消費者にとって経験欲求達成のための手段，すなわち器，コンデュイット(Conduit)でしかない．消費者はコンデュイットを手中にすると，モノの所有

第4章 国内のEMS企業　　**137**

個人価値観　　　　　産業社会

マズローの5段階欲求説

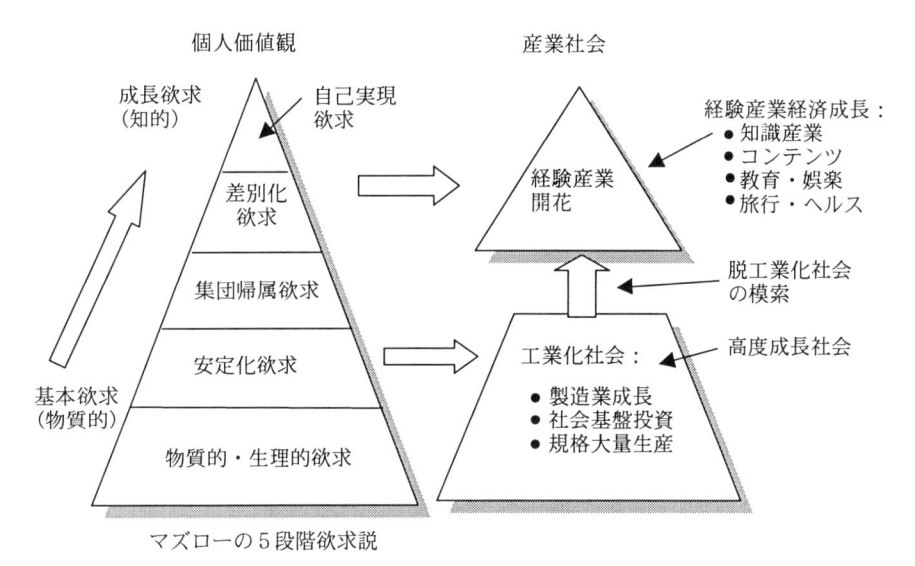

出所：山本尚利『テクノロジーマネジメント』日本能率協会マネジメントセンター

図4-4　経験産業コンセプト

欲求が薄れて，経験拡大欲求が高まる．すなわち，音楽，画像，書物，ゲームなどのコンテンツ(Contents)を求めるようになる．

　ソニーは日本が先進国になるまでは単純なコンデュイットのサプライヤーであったが，日本が先進国になるにつれて両刀使いのコンデュイット＆コンテンツプロバイダーに変身していった．先進国消費者はコンテンツを消費することによって，あるいは娯楽サービスを享受することによって経験欲求を高めようとする．ソニーの事業戦略がコンデュイット販売にとどまらずコンテンツ販売に拡大するのは自然の流れである．

　21世紀，人類はインターネットインフラを確立した．インターネットは業務用のネットワークインフラとなるのみならず，個人消費者が経験欲求を満足するための情報を提供してくれる巨大データベースネットワークとなった．また，経験欲求満足のためのコンテンツを配信してくれる．インターネットはこの意味で経験産業のツールと定義できる．

ここで見落としてならないのは、豊富な高付加価値コンテンツは高度技術に裏打ちされた高品質コンデュイットあるいは高度の社会インフラが確立されてはじめて提供されるということである．その意味でソニーのコアコンピタンスはドットコム企業のように単なるコンテンツプロバイダーではなく，その器，コンデュイットとして位置づけられるマルチメディア機器メーカーである．マルチメディア機器技術をコアコンピタンスとして維持しようとすれば，そのコンテンツを扱わざるをえないのである．コンテンツを知らずして，世界トップレベルのマルチメディア機器企業とはなり得ない．

ソニーの伝統的EMS戦略はソニーのコアコンピタンスであるマルチメディア機器（高度デバイス，コンピュータ，通信技術の統合化によって実現する製品群）を支える技術プラットフォームと定義される．

2001年となって，バーチャルビジネスのみで成立するドットコム企業より，バーチャルビジネスとリアルビジネスを両立させる企業，すなわちクリックアンドモルタル企業の競争優位性が証明されつつある．ベンチャー企業よりも，伝統企業の底力が見直されはじめている．

図4-3に示すソニーの事業戦略モデルは典型的クリックアンドモルタル企業モデルのひとつである．また，図4-3の立体事業戦略モデルにより，ソニーがなぜ，ネットサービス事業やマルチメディアコンテンツ配信事業から，果てはEMSまで手掛けるのかについての必然性が明らかになる．

しかしながら，ソニーのビジネスモデルはいまだ，日本型垂直統合モデルを引きずっている．垂直統合型多角事業ビジネスモデルは，総花的事業展開に陥りやすく，コアコンピタンスが見えにくくなる欠点がある．欧米にはもはやソニーほど事業ドメインの広範多彩な企業は存在しないと言ってよい．

その意味で，将来的なソニーのEMS機能の分離戦略はコアコンピタンスの二極分化の始まりとして把握できる．ただし，メーカー出身のソニーがEMS事業をソニーの事業戦略ポートフォリオから完全にはずすことは至難であろう．一般論としてインターネット時代のコンデュイットとコンテンツは切っても切り離せない関係にある．EMSはコンデュイット生産に不可欠の機能であるから，

EMS事業とコンテンツ事業は共存共栄の関係となるのは肯定できる．この両者をどのようにバランスさせていくかがソニーの今後の課題であろう．しかしながら，気がかりなポイントは欧米にはもはやソニーの先行モデルは，ほとんど存在しないという事実である．

ところでソニーモデルは一見，GE（ゼネラル・エレクトリック）モデルと似ているかに見える．両者，金融事業のポーションも大きい．エレクトロニクス機器や自動車メーカーは耐久消費財を提供するため，顧客満足度向上のため，伝統的にローンや保険中心の金融サービスを手掛ける例が多い．

GEモデルと比べて，ソニーモデルのほうが産業論的必然性を説明しやすい．GEは多角化戦略展開の後，連結決算で収益性の低下が著しくなったので，ジャック・ウェルチが救世主として登場し，偶然勝ち残った競争優位事業のみを「選択と集中戦略」で経営再建したにすぎない．GEモデルはソニーモデルに比べると産業論的必然性も一貫性もそれほど感じられない．GEの事業，金融サービスと放送局とジェットエンジンとの間の相互関連性は産業論的に説明できない．

4.2.3 ソニーのEMS戦略

本項ではソニー本来の伝統的EMS事業戦略について述べる．

宮城県のソニー中新田工場（厳密にはソニー中新田株式会社）が2000年10月，世界一のEMS企業，ソレクトロンに売却されることが発表された（なお本件については，第3章3.3.6項でも述べている）．この発表は，日本のエレクトロニクス業界のみならず，日本製造業全体に大きな衝撃を与えた．

日本の工場が外資企業に従業員ごと売却される実例がでると，今後，外資への工場売却戦略が日本全国に普及する可能性がある．確かに，ソニー中新田工場の経営権がソレクトロンに委譲された後，ソレクトロンという外資企業の日本工場オペレーションが成功することが証明されれば，今後の影響は非常に大きい．

ソニーはまた，2001年4月より，ソニー工場群をバンドリングしたEMS的

生産子会社をスタートすると2000年7月に発表している．それは「ソニーEMCS AV/IT（仮称）」（以降，ソニーEMCSと呼ぶ）と呼ばれている．ソニーEMCSは組立系設計・生産プラットフォーム企業と定義されている．ちなみに，EMCSはEngineering, Manufacturing and Customer Servicesを指す（ソニーウェブサイト）．

この企業コンセプトはソレクトロンのコンセプト，すなわちEMS企業を指向している．ソニーの発表によると，ソニーEMCSの設立趣意書は以下のようなものである．

① サプライチェーンマネジメント改革，e-プロキュアメント導入などIT技術による設計・生産プロセスの効率化，生産リードタイム短縮，最適在庫実現
② 急激な市場変動や商品サイクル短縮化に対応するため，個々の生産事業所の枠を超えて，迅速かつ柔軟に商品の生産展開ができる設計・生産トータルオペレーション構築
③ グループ内での生産関連業務の重複を排した一層の生産性向上とコスト競争力強化
④ 高密度実装，品質管理など，事業所間の技術移転促進とグループ全体の生産技術力向上
⑤ 顧客との直接コンタクト促進によるカスタマーサービス体制改善と，顧客ニーズの設計・生産現場へのフィードバック強化による品質向上

このコンセプトはシリコンバレー型水平分業（第6章，図6-4参照）を日本でも実現しようとする第一歩とも理解できる．ビデオカメラ組立で有名なソニーの幸田工場など，ソニー製品組立系の国内10数工場がソニーEMCS事業の対象となる．

2000年7月ソニーEMCS発表の後，2000年10月，当初ソニーEMCSに統合される予定であったソニー中新田工場をソレクトロンに売却するとソニーは突如発表した．ソニーは，ソニーEMCSに含まれる子会社全体をバンドリングしてソレクトロンに一括売却しようとしたが，あまりにリスクが大きいので，

ソニー中新田は生産子会社売却先行モデルに選ばれたのかと想像させる．

ソニー中新田の約1,300人のソニー子会社社員が外資企業ソレクトロン社員に変わったのである．ソニー中新田の一般社員にとっては青天の霹靂，ある日突然，所属社名が変わった．このような売却例は日本では稀であるが，欧米では日常茶飯事である．

2001年1月，今度は半導体子会社，ソニー国分，ソニー大分，ソニー長崎を統合し，「ソニーセミコンダクター九州」というEMCS企業を2001年4月にスタートすると発表した．

このように，ソニーは第3章および第6章で述べている米国でのコンピュータ企業や半導体企業の大胆な事業戦略とドラスティックな事業再編に敏感に反応している．

上記の一連のソニー動向からソニーEMS戦略には以下の3つの戦略オプションが想定される．

① ソニー生産子会社売却戦略：

この戦略は将来的に，ソニーの全世界の生産子会社をソレクトロンのようなEMS専業に売却するシナリオオプションである．ソニー中新田工場のソレクトロン売却はその第一歩と位置づけられる．

② ソニーグローバルEMCS戦略：

ソニー自身が，自社のソニー生産子会社を核にして，全世界の競合他社の生産子会社を買収しながら，ソニーEMCSをグローバルEMS企業として育成する．このシナリオはソレクトロンなどEMS専業と真っ向から競合することになる．

③ EMSグローバルパートナーシップ戦略：

ソニーはソレクトロンなどとEMSグローバル戦略でパートナーシップ戦略をとる．そして世界の競合企業の生産子会社をソレクトロンとリスクシェアしながら共同で買収していく．究極的には世界一のEMSガリバーを目指す．

上記3つの戦略オプションのどれをソニーが選択するかはEMS市場がどのように変化するかに掛かっている．ソニーはメーカー出身であるから，経営ミッションにおいて「メーカー」としての基軸を公式には堅持している．ソニーグ

ループ社員の大半は依然として生産子会社に所属しているから，当然のことである．いずれにしても，はっきり言えることは，ソニーが第一の戦略オプション，すなわち，全生産子会社の売却戦略をとることが非常に困難であるということである．

しかしながらメーカーとしてのミッションを基軸にして図4-3に示すように，ソニーが事業戦略の立体的展開を成功させることもまた極めてハイリスクなのである．メーカーとしてのソニーと，経験産業プレイヤーとしてのソニーは人材，経営ノウハウ，市場などあらゆる局面において，両者はあまりにかけ離れている．当然，ソニー企業文化の多極化が一層表面化していくことになる．ソニーブランドの下，多極化した各事業部門は，それぞれの市場アリーナにおいて徹底的にコアコンピタンス経営を追求するグローバル専業企業との熾烈な競争を強いられる．

ソニーがソニーブランドの下に分社化を進めていくと最後に残るのはソニーというブランドであるが，ソニーの事業戦略立体展開は，ソニーに対する消費者の抱くブランドイメージが不明瞭になるリスクがある．さらにブランド維持リスクも高まる．ソニーブランド企業群のどれかが，不祥事をおこすと，すべてのソニーブランドに悪影響を与える．過去，ソニーの同業，RCAはコングロマリット戦略展開に失敗して，企業ブランドのみ残してRCAの企業としての実体が消滅したのである．

例えば米国ではAT＆Tからの分社，ルーセントテクノジーズ誕生例，ヒューレット・パッカードからの分社，アジレントテクノロジーズ誕生例，アンダーセンコンサルティングのアクセンチュアへの社名変更にみられるように，分社企業は親ブランド名を敢えて外す動きが支配的である．分社戦略が親会社のひもつきでなく完全独立分社であることを対外的にアピールするブランド戦略である．また一方で伝統事業分離により元親会社のブランドイメージを完全転換する意味もある．

かつて，電子計測機器，環境機器メーカーであったパーキンエルマーは，伝統事業をすべて売却し，その資金でセレーラジェノミックスなどを買収，ジェ

ノミックス(遺伝子応用学)事業企業に完全変身した．コアコンピタンスとブランドを完全に一致させる事業戦略美学の追求である．

ソニーは日本出身企業であるかぎり，今すぐ，パーキンエルマーのような大胆な事業戦略転換を実行することは困難である．トップの意識改革が先鋭であっても，一般社員の意識改革がフォローしきれないのである．

4.3 外資EMS参入の日本製造業へのインパクト

ソレクトロンのソニー中新田工場の買収インパクトは極めて大きい．この買収をきっかけに，日本の地方工場への外資参入が今後増えてくる可能性がある．そこで外資EMS参入インパクトについて述べる．

4.3.1 日本工場外資化の課題

日本の大手メーカーの生産事業所はソニーに限らず，ほとんどが子会社化されている．とりわけエレクトロニクス分野や半導体分野にその傾向が強い．しかしながら，実態は親会社丸抱えの名目上子会社であることが多い．子会社名に親会社のブランド名を入れることによって，取引先からの信頼を得ている．取引先も子会社社員も，子会社の経営が危うくなれば親会社のテコ入れがあるだろうと期待している．親会社にとって地方工場の子会社化は地域別給与体系が敷きやすくなる点や，工場別業績変化に合わせてボーナス支給が調整できる点でメリットがある．

ところがソニー丸抱えであったソニー中新田(株)の外資への売却事例発生にみられるように，日本型子会社が外資化される実績が生まれたわけである．この傾向は今後広まるであろう．日本の工場の多くはコストの安い地方に立地しており，そこの社員の多くは地元採用のローカル社員である．そこにいきなり外資文化が入れば，そのカルチャーショックは決して小さくない．

ソレクトロン日本工場(旧ソニー中新田)はグローバルEMSとなるので，当面，

90％以上のOEMはソニーからの受託プロジェクトとなるであろうが，将来はソニー以外の顧客からのOEMも手掛けることになる．ソレクトロン日本工場はソレクトロンの欧米およびアジア各地の工場と競争させられ，コスト品質競争力があれば，ソレクトロン本社から次々と仕事が舞い込んでくるはずである．しかしながら競争力がなければ，再度売却の対象となるか，閉鎖されるかの運命をたどることになる．

　外資系EMSはこれまでの日本型の親会社100％株式所有生産子会社とは大きく異なる．ソレクトロン日本工場の幹部は，ソレクトロンからの仕事が減少すれば，操業度維持のため，率先して世界中を駆け回って仕事を取ってこなくてはならなくなる．競争相手はアジア各国のEMSライバルとなろう．コスト対品質力において，充分国際競争力を有していれば，元親会社ソニーに依存せずとも，世界中から仕事は入ってくる．とは言うものの，現実にはソレクトロン日本工場の一般社員は，まさに親鳥が餌を運んでくれるのを待つヒナ鳥である．仕事（餌）が断たれるとたちまち，飢え死にすることになる．そこで今後は工場マーケティング力の強化が求められる．

　ソレクトロンはインターネット普及過程におけるパソコンやネットワーク機器などにおける世界規模の爆発的需要増の波に乗って，M＆A戦略によって生産キャパシティを国際的規模で拡大してきた．ところが，2000年3月の米国ネットバブルの崩壊によって，2001年，ほとんどの外資企業が一挙に逆境に立たされている．外資化された日本企業は好景気のときは，経営権を握る親会社が外資だからといって，一般社員にとって，大きく変わることはない．好業績なら，ボーナスの大盤振るまいは日本企業よりむしろ外資のほうが気前のよい場合があるほどである．しかしながらソレクトロン日本工場は今後，世界不況の波に突入する可能性が高い．

　外資企業は一般的に変化の激しい市場に柔軟に対応するため，安易な人員の増減調節によって生き残ろうとする．問題は人員増より人員削減局面にある．EMS企業は受注生産主体であるから，受注量の減少に迅速に対応して，素早くレイオフや人員カットを行なう．このタイミングに乗り遅れると企業に損失が

生じる．外資企業は株主の意向に敏感であるから，人員削減タイミングを失して損失を出すと，経営幹部は確実に責任をとらされる．

外資系は総じて好景気になると安易に人員増を行ない，景気が後退すると，安易に人員削減を行なう傾向がある．ソレクトロンも例外ではないと思われる．ところが，日本の地方の工場従業員は会社都合により，突然レイオフされると，再就職先を捜すのは至難となる．周辺の日本企業は既成の雇用厳守の経営を維持しているからだ．そのため日本の地方の労働流動性は依然として低い．ソニーなど国際競争の中で生きている日本製造業はこれまで，雇用厳守経営を堅持しつつ，人員増減を調節弁として経営する外資企業と熾烈に競争してきたが，ボーダーレスネットワーク時代において，これまでの日本型雇用厳守の経営手法に耐えきれなくなってきた．

雇用厳守経営の企業社会である日本の中で，外資のみが，欧米流の雇用調節経営をとると，リストラされた日本人従業員に悲劇が待っていることは避けられない．日本の中でも，外資が多く進出している東京では，外資をリストラされた社員は同じく外資間を流動して生き延びる．しかしながら，外資のほとんど進出していない地方において安易にリストラが繰り返されると，日本独特の雇用厳守社会の秩序が崩される．

ソニー国内工場の外資EMSへの売却は，日本の地方における企業社会の国際競争化のはしりとなるであろう．

4.3.2 日本の地方における企業文化の変化

これまで，日本の地方における大手メーカーの子会社工場や直営工場で働く社員は所属企業の社会的ブランドと信用で，自尊心と安心感に恵まれた安定精神状態の中で働くことができた．しかしながら，この精神状態はもろ刃の剣でもある．雇用安定感があると，所属企業への忠誠心が維持され，士気が高まる効果がある．これまで，日本企業は社員の士気を高めることが組織力強化と統率実現に有利とみなしてきた．これは長期雇用のプラス面である．一方，マイ

ナス面は雇用安定感から，社員は所属企業への依存心が強くなり，「甘えの構造」が蔓延する危険がある点である．

　言いかえれば，勤続年数の長い社員ほど所属企業の「ぬるま湯」の中で「ゆでがえる」化する可能性がある．「ゆでがえる」現象とは所属組織に依存しきって安心していると，危機感が失われて無気力社員と成り果てる現象である．経営基盤の堅固な有名大企業の社員ほど「ゆでがえる」になりやすい．日本大企業の地方事業所の社員は国際競争の厳しさに直面していないので，危機感は生じにくい面がある．今後は「ゆでがえる」にならないよう十分注意すべきである．

　ところで自社工場売却戦略というソニーの放った一矢は，ソニーグループというブランドの中で誇りをもって働いてきた社員に対しては強烈なパンチ効果があったと思われる．ソニーは自社業績が悪化したので，やむを得ず自社工場を売却したのではない．その戦略にはソニー社員のみならず日本製造業文化の変革に向けての強烈なメッセージを感じる．

　これまで，日本メーカーは国際競争の中で，コスト上昇リスクを回避するため，コストの安いアジアなどに生産移転を進めてきた．しかしながら，国内向け製品や高度技術が要求される高付加価値製品は国内工場で生産されてきた．また，現実に，雇用厳守社会では，大胆な人員削減は難しいので，一定程度国内工場が閉鎖されず操業されてきた．

　ところが，ソニーの工場売却戦略は，密かに国内工場リストラを狙っていた日本企業に願ってもない先例モデルを提供することになる．「あのソニーがやったのだから」という口実で，一挙に工場売却戦略に拍車がかかるかもしれない．

　なにはともあれ，日産，マツダ，三菱自工など自動車メーカーにおける一部の地方工場のように，工場閉鎖に追い込まれるよりははるかにましである．

　米国EMSは品質維持と生産効率を最大限追求することによって競争力を確保している．日本のEMSも同様である．コストミニマムで最高品質を実現するための方法のひとつはITの導入である．

　IT導入の目標とするところは生産プロセス省力化とベテラン社員の相対的付

加価値低下である．米国では労働流動性が高いので，もともとベテラン人材の確保が困難であった．そこで米国ではIT導入が不可避であった．米国企業のIT化の動機はベテランがいなくても初心者が速やかに業務に適応する体制を構築することである．そのために作業を徹底的に標準化することで，ベテラン不要体制が実現する．したがって，日本のEMS業界にもITが導入されることにより，結果的にコストパフォーマンスの低下したベテラン社員は付加価値を出すのが難しくなる．

　ベテラン社員は所属企業にとって熟練技能を有する掛け替えのない社員となる必要がある．しかしながらITを活用するナレッジマネジメント導入によって，ベテラン社員の必要度は相対的に下がらざるを得ない．また日本の製造工場ではISO 9000シリーズ(国際品質マネジメント規格)の導入が盛んであるが，業務品質の規格化が進むほど，ベテラン社員のノウハウの相対的付加価値は低下するのである．EMSが受注活動を有利に展開するために，ISO 9000シリーズやISO 14000シリーズ(国際環境マネジメント規格)の認証取得は必要条件となっている．

　日本の工場のEMS化は極論すれば，年功序列のおかげで給与レベルは高いのにコストパフォーマンスの悪い中高年社員にとっては脅威であると言って過言でない．特に日本の大企業の工場では長期雇用体制が維持されており，勤続年数の長いベテラン社員は年功序列でベース給与が上昇する傾向がある．ベテラン社員は過去，所属企業に貢献してきたのだから，現在の高賃金は当然と理解している場合がある．しかし，この発想は外資系EMS企業ではほとんど通用しないと考えたほうがよい．外資では，過去と現在は切り離して考えられる．海外では労働流動性が高いので，年功序列ベースの人事ポリシーは全くなじまないのである．

　日本の地方工場が外資化されるにつれて，年功序列的発想が次第に通用しなくなるであろう．外資企業は社員の人事考課において勤続年数や年齢にかかわらず，現在における企業への貢献度で待遇を決める．したがって，現在の貢献度の割に給与ベースの高い社員は常にリストラの対象となりやすい．そこで中

高年ベテラン社員は十分注意すべきである．

　これまで，日本の製造業では，大企業社員は中小企業社員に比べて雇用も安定し，給与ベースも高く，すべての面で優越してきた．地方の大企業工場社員の給与ベースは物価の高い都市部事業所の同僚社員と比べて多少低いかもしれないが，同一企業内で大きな差をつけるわけにはいかないので，都市部社員と遜色ない給与ベースを維持しており，相対的に優遇されてきたといえる．その意味で，大企業の地方工場のベテラン社員にとって，所属企業はラストリゾートともいえる居心地の良さがあった．

　ソレクトロンの日本参入はいよいよラストリゾートが侵食される時代になったことを意味する．大企業社員も中小企業社員と同様に，次第に雇用不安定となってくる傾向は避けられない．

4.3.3　外資EMSの日本での受注活動

　EMSは基本的に工場単位で経営を成立させなければならない．そのためには，顧客数を増やして操業度を高め，かつ安定化させなければならない．

　大手企業の生産事業所がEMS化された場合，1年目は全受注量の最低80％程度を元の親会社から保証してもらえる．しかしながら，分離した元子会社を早く自立させるため，親会社からの仕事投入比率は年々下げられ，最終的には20％くらいで収束する．そこで，操業度を維持するため残り80％は独力で仕事を元親会社以外の顧客から確保する必要がある．仕事量を確保するためには顧客ニーズを満足させなければならないから，品質対コストあるいはジャストインタイム納期が厳しく要求される．

　大手企業の工場がEMS化した場合，そこで引き続き働く社員は，かつては請負先中小企業に厳しい要求を突きつける顧客の立場に立っていたのであるが，EMS化した後は，一転して，請負ベンダーと同じ立場に変わる．EMSとして生き残るため，請負企業と同じように給与ベースを下げてコストダウンを実現し，しかもこれまで以上に品質維持に努力しなければならない．地方の大企業

殿様社員は幕末の武家の商法に陥らないよう，心の準備が必要であろう．

それでも，受注量が保証されるわけではないので，操業度は激しく変動する．受注量が減少したら，従業員の削減で損失回避せざるを得ない．しかしながら正社員を安易に解雇することはできない．会社の信用にもかかわる．そこで，受注量変動に柔軟に対応するため否応無しに，正社員を減らし，外注社員やパート社員の比率を上げざるを得ない．社員の士気をかつてのように高く保つことは至難となる．そこで，未熟だが低コストの外注人材を活用して，高品質を実現するという離れ業が求められる．この離れ業は徹底的な標準化，マニュアル化，IT化によって克服するしかない．

これらの低コスト高品質，高生産性の生産物流体制はもともと戦後，1960年代から80年代にかけて日本製造業がTQC(Total Quality Control)の導入などで築きあげてきた日本発の知的資産，ノウハウであった．ソレクトロンなどの米国EMSはもともと日本製造業の生産管理ノウハウを徹底的に学習して誕生した．1990年代初頭の日本経済バブル崩壊を境にして，米国EMSは先輩の日本製造業を追い越すようになった．

戦後，米国で生まれた統計的品質管理手法を日本企業が導入し，TQCへと高揚させた．今度は米国EMSがTQCをTQM(Total Quality Management)，コンカレントエンジニアリング，SCM(Supply Chain Management)へと発展させ，ついに米国EMSは日本製造業を凌ぐようになり，そしてやがて日本に上陸してきた．

21世紀は米国EMSを日本製造業が謙虚に学習し，新たな製造業パラダイムを築く番となった．だから，ソレクトロンの日本上陸を黒船到来のように怖がるのではなく，新たな挑戦とみなして受けて立てばよいのである．

外資EMSは低コスト・高品質・ジャストインタイム納期厳守で勝負を賭けてくる．EMSの顧客企業は自社の子会社工場と外資EMSを比較し，外資EMSが有利であれば，子会社との腐れ縁を切って，外資EMSに発注先を切り換える可能性がある．この傾向は，どこか1社がタブーを破って実行すると，堰を切って，OEM発注先流動化が加速するであろう．ソレクトロンが日本で成功モデル

となれば，今度はアジア系EMSが日本参入を狙ってくるであろう．

こうして，日本の地方のラストリゾートがグローバル競争の戦場と化す．そうなれば，公共事業というカンフル注射で生き延びてきたが，すっかりひ弱となった地方産業基盤に活が入り，遅々として進まない日本経済の構造改革にエンジンがかかるのである．

4.4 松下電器グループの事例研究

ソニーと並んで松下電器グループもソレクトロンなどEMSの台頭に関心を持たざるを得なくなっている．日本製造業の代表である松下電器の「超・製造業」コンセプトは画期的であり，松下電器が変わろうとしているという強い印象を与える．

4.4.1 松下電器の「超・製造業」コンセプト

2001年の年頭，松下電器産業の中村邦夫社長は「創生21計画」と呼ばれる中長期経営計画の中で「超・製造業」というコンセプトを打ち出し，マスコミの関心を引いた．

そのコンセプトとは，
① 最先端の技術に支えられた強いデバイス事業
② 軽くてスピーディなモノづくりの対応力
③ 顧客本位のサービスを起点としたビジネスの展開
と謳われている(松下電器ウェブサイト)．

このコンセプトに基づいて，製造業を基軸にするが，顧客サービスを視野にいれた事業展開を図るというのが，松下の新戦略である．創生21計画では「破壊と創造」というスローガンが掲げられている．

構造改革を実行して，あらたなる成長戦略を打ちたてる．成長事業としてデジタル機器，モバイル機器，デバイスの3本柱が示されている．また，超・製造

表4-1　超・製造業とは

比較項目	従来型製造業	21世紀型超・製造業
1．役割	モノの提供	ソリューションの提供
2．投資構造	設備投資中心	R＆D，マーケティング，IT投資拡大
3．資産	鉛ボール型	サッカーボール型
4．情報	企業から発信	インタラクティブ・お客様直結
5．組織	ピラミッド型	フラット＆ウェブ型

出所：松下電器ウェブサイト

業は表4-1に示すような定義が示されている．

(1)　モノの提供からソリューションの提供

　モノの提供からソリューションの提供へと松下のミッションが変化するのは当然である．4.2.2項で述べたように，21世紀は経験産業時代である(図4-4参照)．

　経験産業論に従うと，21世紀の松下が脱製造業を模索するのは当然である．しかしながら誤解してならないのは松下の新ミッションは，モノづくりを棄てるのではないという点である．あくまでモノづくりを基本として維持しつつ，ソリューションの発想転換を目指そうというメッセージである．モノづくりカルチャーに深く染まった松下社員に意識改革を求めているのである．

(2)　設備投資中心からR＆D，マーケティング，IT投資拡大

　このメッセージは最近のEMS台頭により，米国ブランド製造業が生産中心から，R＆D，マーケティング，IT投資に経営資源を重点配分するようになった事実に影響されている．松下は世界市場で，バリューチェーンの上流シフトでコアコンピタンス経営するグローバル企業と競争しなければならない．しかし残念ながら，この切羽詰まった国際競争環境に，松下の国内社員や松下系列販売店の危機感が追いついていないのである．

（3） 資産の鉛ボール型からサッカーボール型

松下のような日本のグローバル企業へ投資している外人投資家はROE（Return on Equity），すなわち株主資本利益率を投資評価指標のひとつにする．

松下に限らず，日本ブランド製造業は，そのブランド名を冠する子会社や関連会社を膨大に抱えている．これら傘下企業群は親会社幹部の出向先であり，親会社依存体質が強い．不況が長引くと，傘下企業群全体の業績が下がり，親会社にとって当然ROEは低下する．鉛ボールとは，親企業からみるとぶら下がり型傘下企業群が過半数であることを指す．松下グループを弾力性の高い，サッカーボール型飛躍的企業に変身させるため，傘下企業群の選別とリストラが急務となっている．上記メッセージは，松下グループ内の低迷企業への厳しい予告でもある．

（4） 企業からの発信体制からインタラクティブ・お客様直結体制

インターネット社会の到来により，製造業のビジネスモデルを変えなければならなくなった．テレビ時代の一方向マスマーケティングに加えて，ポータルサイトを活用するワントゥワンのダイレクトマーケティングを実行すると宣言している．松下は個人消費者を顧客にする事業が主流であるから，ダイレクトマーケティング手法に関心を持たざるを得ない．

（5） ピラミッド型組織からフラット＆ウェブ（文鎮）型組織

1対N（ワンボス体制）のフラット組織は欧米企業ではもはや常識化している．電子メール社会となって，意思疎通の効率がよいフラット組織体制が現実的となった．インターネット普及によって意思決定者の情報収集力，情報収集スピードが格段に向上した．すなわち，管理職の生産性が大幅に向上したのである．結果的に，管理職の数を減らすことが可能となった．松下における中間管理職ダルマ落しの始まりである．

上記のように松下の「超・製造業」のコンセプトはよく分析してみると、松下のステークホルダー(関係者)への経営改革宣言であるとともに、30万人の松下グループ全社員に強く意識改革を迫る内容となっていることがわかる.

4.4.2　松下電器グループの意識改革は成功するか

　松下電器グループは日本を代表する消費者向け製品製造業モデルであるが、「超・製造業」というコンセプトは、単に松下社員へのメッセージにとどまらず、日本全国の消費者向け製品製造業および、コンシューマーエレクトロニクス企業で働く社員へのメッセージでもある。あの巨人松下が変わろうとしている、という強い印象を与えている.

　これらの松下から発信されているメッセージは、単なる経営方針の発表ではなく、松下グループ全社員および取引先、さらに社員家族まで含めて、全松下ファミリーに対し、新しい競争時代に備えて、意識改革を強く迫っていると受け取れる.

　松下という世界に冠たるコンシューマーエレクトロニクスメーカーとしてのブランドの下、松下社員は、限りない安心感と、プライドをもって働いてきた。しかしながら、一方で、松下ブランドに依存しきって、「ぬるま湯」の中の「ゆでがえる」症候群、あるいは「大企業病」が慢性的成人病のように社員に蔓延していないとは言えないのではないか.

　米国ではコンシューマーエレクトロニクスの雄、RCAがブランド名のみ残して消滅しており、この業界では松下パナソニックとソニーが米国市場を席巻している。すなわち、幸運にも、コンシューマーエレクトロニクス業界には、米国に強力なライバルが存在しない。だからといって油断すると、すさまじいIT化の旋風に巻き込まれ、技術革新に乗り遅れると瞬く間に競争に敗れる危険がある。ところが、松下ブランドに安住する社員も少なくなく、危機感が薄いというきらいがある。松下経営陣は、社員の危機感薄弱に少なからず、苛立ちを覚えているのであろう。「超・製造業」メッセージには経営陣の苛立ちが色濃く

反映している．

　このメッセージはソニーの工場売却戦略と根底で共通する問題意識に根ざしていると思われる．しかしながら，両社は，その経営行動が異なっている．ソニーの幹部はなお，ソニーはモノづくりにこだわる「製造業」だと公言してはばからないが，一方で，工場売却戦略を実行し始めた．製造業の定義の仕方次第では，特に工場売却戦略に矛盾は生じない．

　それに対し，松下は「超・製造業」と宣言したものの，実は伝統的製造業から抜け出せないからこそ，敢えて「超・製造業」と言っているようにみえる．図4-4に示す経験産業論に従えば，21世紀に，松下が「超・製造業」と唱えるのは当たり前のことである．

　松下の問題は幹部が時代の変曲点を迎えて問題意識を持っているのに対し，社員の意識がどこまで変われるかという問題である．そこで，松下経営陣が心底，社員に危機感を持たせて活(喝)をいれるには，論より証拠で，松下社員が仰天するような「実力行使」が必要であったのであろう．

　GE(ゼネラル・エレクトリック)のジャック・ウェルチは1980年代初頭40万人居た社員を10年で20万人まで減らしたが，売上は10年で3兆円から6兆円へと逆に2倍に増やしたと言われている．彼はその功績で世界一有能な経営者と崇められた．10年間で生産性を都合4倍に引き上げたからである．さらに驚くべき事実は，残った20万人のうち10万人はリストラ期間中に外部から導入された新入人材といわれている．結局，GEに居残った旧人材は全体の4分の1である．つまり，GEといえども，旧社員全員に意識改革を迫って企業改革したのではなく，社員を総入れ替えしてGEを変えたのである(山本尚利, 1995)．

　米国といえどもここまでやったから，GEの旧社員は「ぬるま湯」から飛び出して改心できたのである．いったん「ぬるま湯」天国に浸った人材を意識改革させることがいかに難しいかをGEの事例は物語っている．中高年の慢性的成人病が回復しないのと同じである．

　この構造的問題は単に松下のみならず，現在日本全体に突きつけられている問題でもある．ちなみに，1990年代以降，米国企業やグローバル企業は経営環

境変化により構造改革を迫られると，人材の総入れ替えによって対処するのが常道となっている．

松下はこのようにドラスティックな改革を断行するグローバル企業と競争しなければならないのだ．

4.5 日立製作所の事例研究

日立製作所は元来，工場の独立採算性を採用している高収益企業として有名である．日立製作所の各工場は日立グループ各企業を顧客とするEMS的機能を有している．その意味で日立製作所の今後の工場戦略が注目される．

4.5.1 日立製作所の事業再編戦略

日立製作所の事業再編は，価格競争に突入した成熟商品で，日立本体ではコスト競争に耐えきれなくなった事業を中心に行なわれている．1998年，日立は家電事業部門の全分社化を決定した．1999年，白物家電事業を日立多賀エレクトロニクス，照明機器事業を日立ライティング機器として分社独立させた．この分社化により，日立家電事業は全て子会社化された（日立製作所ウェブサイト）．

表4-2に日立製作所の家電子会社リストを示す．

日立本体の家電事業戦略部門は「家電・情報メディアグループ」に統合され

表4-2　日立製作所家電子会社

分社名	分社時期	本社所在地	営業品目
日立情映テック	1975年	横浜市	テレビ，ディスプレイ，映像機器
東海テック	1979年	ひたちなか市	ビデオ，CD-ROM，DVD
日立栃木テクノロジー	1998年	栃木県	冷蔵庫，エアコン
日立多賀テクノロジー	1999年	日立市	洗濯機，掃除機，プリンタ
日立ライティング機器	1999年	青梅市	家庭用照明，産業用照明

出所：日立製作所ウェブサイト

る．そして家電事業の事業企画，商品企画，営業企画などの戦略機能のみが日立本体に残される．家電子会社は日立ブランドの家電製品を設計生産する．また製品は日立系販売子会社を通じて販売される．家電に続いて，2000年10月，日立の情報コンピュータグループのプリント基板製造部門を日立プリント基板ソリューション株式会社として分社化した．

　日立の分社化戦略はEMS戦略の延長線上で行なわれているわけではない．価格競争が厳しくなった成熟事業は日立本体に抱え込むとオーバーヘッドコストが付加されて競争力が失われるので，分社化によって，コスト軽減を図ろうとしている．

　日立の家電事業は歴史が古く，ブランドとして定着している．そこで，家電事業は日立ブランドで一定の売上が見込める．日立グループは松下グループよりさらに大きく40万人の社員を抱える．家電は生活必需品であるから，日立社員，その家族，親戚，取引先を含めると，それだけで家電市場が成立するほど底堅い．そのため成熟事業である家電事業といえども事業撤退シナリオは考えられない．

　日立は東芝とならんで図4-1に示すE＆Eグループに属する総合電機メーカーであるが，高度成長期に日立は広範囲に事業多角化と分社化を進めて，巨大な日立ファミリーを形成している．日立にとって日立グループ自体が一大マーケットと化している．

　日立グループはその事業構造が，素材生産，部品生産，製品組立，生産機械，プラント建設，物流，販売，アフターサービス，金融サービスなど豊富なバリューチェーンで構成されている．EMSの競争手段であるSCMは日立グループ内で全て賄える．日立に限らず日本型総合エレクトロニクス企業は大なり小なり，企業グループ内でSCMを完結できるが，その中でも日立グループのバリューチェーンは完璧と言ってよい．日立社員は生活の全てを日立グループ企業で賄えると言っても過言ではない．

　以上から日立のEMSとしての定義はExhaustive Manufacturing & Services（網羅的製造サービス）あるいはExclusive Manufacturing & Services（排他

的製造サービス)である．つまり日立グループはあらゆる製造サービスが可能な企業であるから，グループ外からのアウトソーシングも必要としない企業である．

4.5.2 日立製作所のEMS戦略

　日立グループはもともと生産工場主導経営の企業であり，EMS(Electronics Manufacturing Services)的機能を発展させて巨大化してきた．ソレクトロンの行き着く先は日立モデルかもしれない．日立とソレクトロンのEMSとしての違いは日立が国内市場中心型であり，ソレクトロンがグローバル市場型であるという違いである．もちろん，日立も他の競合企業に倣って海外進出しているが，どちらかといえば日本市場主体である．

　日立はもともとEMS体質を有しているため，伝統的に工場単位で独立採算制を敷き，工場自立性が強かった．また，日立子会社も関連会社も伝統的に独立採算管理が徹底している．日立はEMS体質を有するが故に，子会社の多くは必ずしも日立幹部の出向先でもなく，親会社依存度も低い．それぞれ自立した黒字体質企業集団を形成している．この点が他の競合する日本ブランド企業とは大きく異なる．まさに日立の強みである．

　日立本社は配下の工場群が稼ぎ出した利益からの負担金や子会社への出資配当で維持されてきた．そのため，御茶ノ水にある日立本社は企業規模の割には小さい．日立本社には各工場の利益代表が送り込まれ，そのテリトリー調整が行なわれてきた．

　日立の工場はその関係事業本部やグループ内外取引先から競って仕事を取ることによって操業を維持してきた．工場営業マンは日立グループ内外取引先をまわって受注活動を行なった．

　工場が赤字を出すと工場長は厳しく責任を問われてきた．その代わり，売上と利益に貢献した工場の工場長はその功績を買われて，日立本社の幹部に迎えられた．例えば日立工場は電力規制緩和以前，電力会社向け電力機器製造で高

収益をあげ，その工場長出身者が社長となる例が多かった．

　日立は工場単位の競争が厳しいので，コストダウンと利益追求に熱心である．また，日立は各工場およびその直轄事業本部が持てる設備や人材を活かせる製品開発を企画する．そのため，工場主導型の各事業本部の企画する新製品が重複することもあった．さらに，短期に工場操業に結びつかない中長期新製品開発はスポンサーである工場が関心を持たないので，画期的新製品開発において他社に若干遅れる結果となった．その欠点を埋めるべく，中長期技術開発は日立の充実した研究所群が担ってきた．しかしながら，研究所で開発された新製品は，短期の収益で評価される工場やその直轄事業本部にとって投資リスクが大きすぎて生産ラインに乗ることが少なかったのではないかと思われる．

　こうして日立はもともとEMS的体質を有していることが裏目にでて，技術革新の激しい情報・通信・エレクトロニクス事業分野では二番手戦略を取らざるを得なかった．そして，インターネット時代のマルチメディア機器，通信機器市場では先手必勝となるため，NEC，富士通，ソニー，東芝などのライバルに多少の遅れをとったことは否めない．情報・通信・エレクトロニクス事業において日立工場群のEMS機能の強みと裏腹に，日立本社のマーケティングと新製品開発の戦略機能が今一歩弱かったと言える．しかしながら，日立はEMS機能に優れるため，競合他社に比べて収益性の高い企業であった．

　日本でインターネット時代が幕開けした1990年代なかば，日立は経営刷新に取り組み，もともとのEMS体質を後退させ，本社戦略機能強化に乗りだした．1995年，「電力・電機グループ」「家電・情報メディアグループ」「情報（コンピュータ）グループ」「電子部品（デバイス・半導体）グループ」という4グループ制を導入した．工場単位の縦割り競争の弊害を緩和し，グループ単位での事業部門間の協力体制を強化するためであった．

　工場単位ではなくグループ単位で戦略構築することにより，開発投資の重複は避けられた．また，工場単位よりグループ単位のほうが投資リスクをとりやすくなった．その結果，グループの範囲内で，より中長期製品開発に関心が高まるようになった．さらに，1996年，研究所の刷新も同時に行なわれ，1,300

人の研究員が各事業グループに移籍し，グループの製品開発力の強化が行なわれた．しかしながら，日立は産業用ITには強いが，個人用IT（パソコン，モバイル機器，情報家電，ネットワーク機器，周辺機器）というインターネット時代のマルチメディア機器対応で期待ほどシェアを伸ばせず苦慮していると考えられる．

この原因を明らかにするのは容易でないが，少なくとも，製品技術開発力，生産力において日立は競合他社に比べて全く遜色はない．問題は技術以外の要因であろう．個人向け商品はマーケティング戦略とブランド戦略がことのほか重要である．技術力と品質力はブランドを支える黒子である．簡単に言うと，日立は白物家電ではブランド確保に成功したが，情報家電ではブランド確保に若干遅れを取ったということであろう．

シリコンバレーのIT機器メーカーはマーケティング力とブランド力をコアコンピタンスとするか，SCM力で支えられるEMS機能をコアコンピタンスとするかの二者択一を迫られる．米国では「二兎追うものは一兎も得ず」という厳しさがある．一方，日本においてNEC，富士通，ソニー，東芝などは二兎を追っている．日立もその例外ではない．

しかしながら，日立は他のライバルと違って高度成長期，EMS機能が他社を凌いで強く，長期にわたり高収益を維持してきた．その分，マーケティング力とブランド力を重視する個人向け商品開発力にやや見劣りするのはやむを得ないかもしれない．個人向けIT商品領域でこれだけグローバル競争が激しいと，コアコンピタンスにおいて二兎を追うことは至難であろう．

4.6 日本型EMSの登場

日本は製造業大国だけあって，大企業のみならず中堅企業の中からもEMSが台頭し始めている．以下にその代表的事例を取り上げる．

4.6.1 キョウデンのEMS戦略

キョウデンは1978年,長野県箕輪町で生まれたベンチャーである.創業当時は創業者橋本浩氏の名をとってハシモト電気と呼ばれた.キョウデンは2000年現在,資本金35億円,社員500数十名の中堅企業に成長している.1997年,売上221億円が,2000年には670億円と,3年で3倍という驚異的に成長しているベンチャーである(キョウデンウェブサイト).

もともとプリント回路基板(PCB)の試作ベンチャーからスタートしたが,現在,EMSに成長し,24時間操業している.顧客企業は延べ3,500社にのぼるといわれている.まさに日本のソレクトロンである.しかしながらキョウデンはソレクトロンと微妙に異なる戦略をとっている.

1998年,パソコン新興ブランドメーカー,ソーテックを買収している.ソーテック買収の意味はPCBのOEMにとどまらず,製品の最終組立のOEMに営業領域を広げようとするための準備としての戦略なのか,あるいはキョウデン自身がパソコンなどの新興ブランドメーカーとなることを狙っているのかは外部からは不明である.もし,後者の戦略だとすれば,組立ブランドメーカーの顧客企業はキョウデンへEMSを発注する際,警戒する可能性が生じる.

キョウデンは正真正銘の日本生まれのEMSである.しかしながら,ソニー生産子会社群で編成されるソニーEMCSとは発祥が異なる.ソニーEMCSの場合,ソニーからのOEM受注をベースロードとして操業度を維持し,EMS技術力をさらに磨く.そして,そのEMS技術プラットフォームを活用して,低コスト,高品質,ジャストインタイム納期でアウトソースも請け負うというコンセプトである.一方,キョウデンはソレクトロンと同じく,独立系のOEM企業としてスタートし,EMSへステップアップしている.

顧客企業サイドからみると,ソニーEMCSへ外注する場合,顧客企業の製品技術がソニーにリークする危険があるが,ソニーの生産ラインを活用するので,品質信頼性が高い.一方,キョウデンに外注する場合,顧客企業の製品技術をキョウデンに開示しても,キョウデンがその製品の競合品をキョウデンブラン

ドで発売する可能性は低い.

　顧客企業にとって,EMSへの発注ロットが大きい場合は,ソニーEMCSのようなEMSが有利であり,多品種少ロット短納期の発注ではキョウデンのようなEMSが有利となろう.

　キョウデンはPCB試作品請負のSCMノウハウに優れるので,超・少ロット,超・多品種のPCBを納期優先順に連続製造することができる.キョウデンはいくらコストが高くてもよいから納期超特急の製品から,納期は遅くてよいからコストを可能な限り下げる製品まで多様に受注できる.大手ブランドメーカーの生産子会社では到底,真似のできない神業ベンチャーである.

　この神業SCMノウハウは,大手企業に生殺与奪権を握られた日本の請負中小企業の弱い立場から生まれた草の根技術である.EMS市場ではこの草の根技術が競争力の源泉になる.そして,「ぬるま湯」に浸っていた日本の大手企業の生産子会社にとってたいへん厳しい時代が到来した.中小企業にとっては努力が報われる時代がようやく到来したといえるだろう.

4.6.2　加賀電子のEMS戦略

　加賀電子は塚本勲氏によって,1968年東京で創業された電子部品商社である.1997年,東証1部上場を果たしている.2000年の連結売上が1,600億円に達している.国内外1,200社の電子部品メーカーと提携し,全国7,000社の電子機器メーカーに電子部品を供給している(加賀電子ウェブサイト).

　現在は,事業領域を拡大し,タクサン(Taxan)という自社ブランドのOA周辺機器システムを販売するのみならず,ゲーム機器やデジタルカメラなどに搭載されるカスタムICの開発設計を請け負っている.カスタムICは加賀電子の取引先の半導体メーカーに生産委託し,顧客に供給している.また,業務用・家庭用ビデオゲーム,コンピュータゲーム,パチンコ,パチンコスロットマシンなど娯楽機器メーカー向けの機器製造EMS事業に乗り出した.

　加賀電子グループ約1,000人の社員のうち200人が技術者という構成となっ

ている.

　加賀電子にとってはキョウデンと異なり，OEMが本業ではないから，EMSのSCM技術で勝負できないので，ニッチ市場といえる娯楽機器向けEMSに参入している．半導体機器商社や電子部品関連商社は加賀電子のように，EMS事業向け顧客を多く抱えている．また普通の商社と異なり技術系社員を多く有している．そのため，今後EMS事業に参入する技術系商社が増えてくると予想される．

4.6.3　横河電機のEMS戦略

　横河電機はHP(ヒューレット・パッカード)と長期にわたる提携関係にあったので，HPブランドの半導体製造関連機器のOEMを手掛けてきた実績がある．1999年7月，HPと横河電機の合弁企業であった日本HPにおける横河電機持ち分25％は約600億円でHPに売却され，横河電機とHPの1963年以来，36年に及ぶ長い提携関係にピリオドが打たれた．2001年2月末，横河電機は半導体テスターおよび精密測定機器メーカー安藤電気のNEC持株33％を取得し，安藤電気を傘下に収めた．

　HPとの提携関係を断った横河電機は半導体メーカー向けICテスターやハンドラー事業の他に，半導体製造プロセス用精密計測機器，制御機器事業を強化しようとしている．そこで，横河電機は自社製品の製造技術を活かして，半導体製造装置やシステムの設計，生産受託サービスに参入した(横河電機ウェブサイト)．

　半導体製造装置や製造システムは，一般的にカスタム化商品である．納入先の半導体製造メーカーの要求に合わせて，設計・組立をする．そのため，標準モデルを有していても，実質的には個別受注生産となる．したがって，量産体制で生産することが困難である．そこで個別の半導体製造関連装置メーカーは，自社で設計まで行ない組立を外注するケースが多い．横河電機は，これら半導体製造関連メーカーを顧客として，自社の製造ラインでOEM生産を受託している．

横河電機のEMSは半導体製造関連装置やシステムの，詳細設計，部品調達，組立，検査，アフターサービスを含む．

横河電機のEMS戦略はソレクトロンのようにOEMポジションに留まる戦略のようには見えない．半導体製造関連装置は多品種少量生産市場であるが，精密機器製造技術，測定機器やセンサーや制御機器のシステム化技術があれば，品種によらず機器製造可能である．そこで，横河電機は，EMS参入によって広範囲にわたる各種半導体製造関連装置の設計・組立において実績を積むことができる．そして将来的に半導体製造装置分野において横河電機ブランドを拡大することが横河電機のEMS戦略ではないかと考えられる．

参考文献

山本尚利『テクノロジーマネジメント』日本能率協会マネジメントセンター，1991年．
山本尚利『日本人が東アジア人になる日』日本能率協会マネジメントセンター，1995年．

URL

ソニー：http://www.sony.co.jp/
松下電器：http://www.matsushita.co.jp/
日立製作所：http://www.hitachi.co.jp/
キョウデン：http://www.kyoden.co.jp/
加賀電子：http://www.taxan.co.jp/
横河電機：http://www.yokogawa.co.jp/

第5章

中小企業のEMS戦略

深山隆明

5.1 中小企業の立場からみたEMS

　本章では国内中小企業のEMS戦略を考察する．本章が対象とする「EMS」は，序章で述べられたようにエレクトロニクス産業における製造サービスであるElectronics Manufacturing Servicesという狭義の概念を超えたExcellent Manufacturing Strategyともいうべきものとして提起している．そこには，中小企業という立場を逆手に取ったきめ細やかな製造業ソリューションの提供や，地域産業集積のコラボレーションによるモノづくりの広範な基盤形成が含まれる．

　本書では序章で述べられたようにEMSを製造企業のグローバル戦略として位置づけている．しかしグローバル戦略を自らが主体的に担えるのは，EMSの世界で上位5指の巨大なグローバルEMSの寡占が現出しているように，ごく一部のグローバル企業に限られる．実際日本でもグローバルEMSへの戦略的取組みを開始しているのはソニーをはじめ松下や東芝，NECといったグローバルエクセレントカンパニーだけである．

　それでは中小製造企業はEMSへの対抗や戦略的取組みをどう開始したらよいのだろうか．中小企業のEMS戦略を考える際，想定されることは2つある．1つは大企業のEMS化に積極的に関与していくという道である．大企業のEMS化はアセンブリーのすべての工程を完全に内包するとは限らない．EMSは多様なモノづくりを行なうための生産ラインの多様な組み替えには対応できるし，

それこそがEMSの真骨頂だ．しかし同時に極限のスケールメリットを追求するため，完成品への実装工程はEMSに馴染みやすいが，部品やデバイスの不良品検査などの前工程や自動化の難しい工程はやはり中小企業の仕事になる．いわばEMSの下請企業として生き残りの道を模索するという「戦略」である．これが想定される第一のものである．

しかしそもそもEMSの神髄は工場ないし川下工程の川上工程に対する従属関係からの脱却である．したがって「EMS戦略」という限り，「EMSの下請特化」という従属関係の再編成は視野にいれるべきではなかろう．中小企業の「EMS戦略」ということばにより相応しいのは，中小企業自らがEMS化を指向し，「EMSとしての機能」を発揮する戦略である．

ところでEMSは米国型や台湾型などのメガEMSやグローバルEMSはもちろんのこと，グローバル化への志向が薄い「日本型EMS」を含めても基本的に巨大な生産設備の統合体でなければ成り立たない．日本型のように部品調達・物流・製造というR＆D機能以外の「製造業ソリューション」を多品種少量対応するという場合であっても，それは米国型や台湾型というスケールメリット追求型との比較の問題であって，規模の経済を否定したものではない．むしろスケールメリットの追求は日本型EMSがその全貌を露わにし始めた後に急速に高まっていくことだろう．なぜならば，日本型EMSという戦略も，すでにキャッチアップを余儀なくされたがゆえの苦肉の選択でもあるからであり，EMS本来の規模の経済の追求は実は所与の前提といってよいのである．

そう考えると，中小企業のEMS化は根本的な形容矛盾ではないかという疑問さえ湧きかねない．中小企業がベンチャーとしてEMSを指向しながらM＆Aを繰り返し，多数の工場を傘下におさめEMS化を図るという戦略がないわけではないが，短時間で多数の工場買収を成功させるためのよほど優れた人脈や事業計画を持たない限り見通しもたたないし，資金調達そのものが中小企業の手に余るものになろう．

公開企業や上場企業など中堅企業の場合であればM＆Aや資金調達の問題はもう少し容易になる．しかしメガEMSやグローバルEMSとの競合ではスケー

ルメリットにおいて明らかに分が悪い．勝つための戦略はメガEMSやグローバルEMSが持ち得ない優位性を兼ね備えることであるが，その一つが日本のコンシューマーエレクトロニクスにおける高密度実装技術であろう．ソレクトロンがソニーの中新田工場の買収にこだわったのも，米国のグローバルEMSがいまだに持ち得ない，日本のコンシューマーエレクトロニクスなどにおける高密度実装技術やそれに携わる人員の資質，スキルなどを学びたかったからにほかならない．

こうした高密度実装技術のほかに，もう一つ日本の製造企業がグローバルEMSと比較してもなおアドバンテージを持つとされるのが，試作品作りを極めて短納期で仕上げる即応力と射出成形などの部品作りまでをカバーする製造能力であり，これらを高いコストパフォーマンスで提供できる総合力であった．最近ソーテックへの資本参加で注目を集め，EMS分野への進出をいち早く表明して一躍名をはせたキョウデンなどもそうした独自性において際だった企業の一つだろう．

米国やアジアに立地する巨大なグローバルEMSに対し，日本ではキョウデンや横河トレーディング(YTR)のように，生産請負だけでなく部品の調達や物流まで丸ごと請け負ったり，グローバルEMSとは一見まったく矛盾する多品種少量生産請負にまで対応する製造業ソリューションの提案を行う日本型EMSが「ニッチEMS」として新たな生き残りの道を模索してきた．キョウデンや横河トレーディングはともに上場企業であり，中小企業とは言い難いが，グローバル戦略をもっとも重視するメガEMSとは事業規模も戦略も大きく異なり，むしろ中小企業の対EMS戦略に一定の示唆を与えてくれる存在である．こうした日本型EMSがどこまで独自性を発揮できるのか，どんなアライアンスを展開していくのかは，中小企業にとっても目が離せないものとなろう．

5.2 中小企業のグローバル戦略

もう一つ検討しなければならないのは，中小企業のグローバル戦略の問題で

ある．EMSは単なる巨大なアセンブリー請負企業ではなく，「世界中の多様なリソースを競争力のあるブランドへと仕上げていくアライアンス型のバリューチェーン」(序章)を形成しようとするものであり，それこそがEMSのグローバル戦略だった．こうした製造業の21世紀型再構築はモノづくり世界を地球規模で変革していくことになるだけに，中小企業といえども必然的に対応を迫られることになる．

中小企業の対応は，第一にグローバルEMSとの戦略的パートナーシップをどう構築するか，第二にグローバルEMSやそれに関わる製造企業との棲み分けをどう図るか，第三に国内中小企業集積の共同体的再構築による国内製造業拠点発のグローバル対応体制をどう構築するか，という3つに絞られよう．

5.2.1　グローバルEMSとの戦略的パートナーシップ

第一の場合，中小企業がパートナーシップを組む相手が国内EMSか海外EMSかによって状況はかなり異なることになろう．国内EMS企業とのパートナーシップは，基本的にはロジスティクスやサポートなどのSCMをEMS企業の要求水準まで引き上げられるかどうかというマネジメント能力の問題に行き着く．しかし今後は日本などの先進国での拠点確保により積極的に動き始めるとみられる海外EMSとのパートナーシップが大幅に増加するはずである．中小企業が海外のグローバルEMSとのパートナーシップを構築する際にもっとも有効なのは，海外グローバルEMSの対日戦略に対して積極的な「露払い」の役割を果たすことであろう．海外EMSの対日本市場進出の当面の目的は，日本流の系列・垂直統合型ビジネスモデルに切り込んで，日本のブランドメーカーからのデジタル情報家電の受託拡大を図ることである．しかし海外EMSの対日戦略は日本市場での受託拡大を狙ったものだけでなく，①日本の工場が保有ないし死蔵している生産技術の取り込み，②日本ないしアジア市場向けの試作・開発拠点の確保，③欧米メーカー製品の日本向け生産拠点の確保，を意識したものである．これを実現するためにEMS企業は徹底したM＆A戦略を採ってきた．M＆A

こそが，新たなノウハウやスキルを獲得しベストプラクティスを形成するために最短・最良の方法だったからである．こうした海外グローバルEMSの戦略に対し，日本の中小企業は吸収合併されていくのか，それとも相対的自立性を保てるのかの分かれ道がある．大企業の工場をＭ＆Ａで取得するのを常としてきた資金力豊富な海外EMSにとって，日本進出の目的が生産技術の取り込みであれ，試作・開発拠点や生産拠点の確保であれ，必要とあらば中小企業の吸収合併はたやすい．さらにこれまで在来家電製品やパソコンなどが中心だったEMSの請負製品は，今後情報家電など米・欧・日の先進国市場に向けた高付加価値製品への比重を高めていくことが予想されるため，①市場に近い日本などでの生産拠点の確保，②情報家電製造に欠かせない高密度実装技術やその人材育成手法の取得，③最適地での部品調達，などを目的にしたEMSの先進国拠点（とりわけ日本）への進出が増加すると考えられている．そのため，今後は多くのグローバルEMS企業が続々とわが国企業から工場を買収したり，また生産を委託していくケースが増大していくだろう．中小企業にとって自立性を保つのは容易ではない．

　もし自立性を保ったパートナーシップの形成が可能だとすれば，それは自立性を持つほうが戦略的パートナーとして有益な場合である．研究開発や試作品作りに大きなウエイトを置くイノベーション型企業は開発リスクの分散という視点から自立性は担保されやすいが，そうしたイノベーション型企業への特化は自立型対EMS戦略としては有効であろう．

5.2.2　棲み分けをどう図るか

　第二の場合，中小企業はEMS企業の動向を無視することはできないが，量産量販を前提にしたグローバルEMSが担えない質産質販型に特化し，明確な棲み分けを図るという道がある．質産質販型には，一つは量産量販型のグローバル企業に対するプロダクトイノベーション機能を積極的に果たしていくという行き方があり，もう一つは地域性や民族性といった個性的需要を対象にした独創

性重視の少ロット・非価格競争型(民族性・地域性に基づいた高級品志向・ホンモノ志向のモノづくり)の行き方である．

　EMSはグローバル戦略を展開するなかで，経営・設備の近代化，生産性向上，スケールメリットの追求というプロセスイノベーションだけでなく，情報力，ネットワーク力の統合による製品開発・提案型のプロダクトイノベーション機能を包含しようとしている．しかし日本や欧米市場を対象とした高精度の情報家電などは高密度実装技術だけでなく多様な基盤技術の複合力を背景として必要とする．ここに日本の中小製造業がEMSとの対抗においてその独自性や存在理由を示すための基盤があるのである．

　プロダクトイノベーションに関わる技術開発の多くは既存技術の改良やそれらの組合せの賜であり，その独創性は機能面にある．そしてその基礎となっている生産・加工技術は，特に日本の場合中小企業によって担われているオーソドックスな基盤技術に基礎を置くものに他ならない．エレクトロニクス産業の製品構成部品はチップに止まらず筐体成形や電源部など極めて多様な領域に及ぶ．そうした製品の開発のためには，「研削，表面処理，メッキ，鋳鍛造などの要素的加工技術が有機的なバランスをもって，地域やネットワークのなかで一定の量的集積と質的個性化を実現している」(吉田敬一ほか編著『産業構造転換と中小企業』ミネルヴァ書房)ことが必要条件となる．世界でも日本が群を抜いているとされる「どのような特殊加工であろうと，非常に高度な加工技術であろうと，またロットと納期に関してきわめて無理な注文でもクイックレスポンスで受け止める」力こそが日本の中小製造業の存在理由なのである．

　中小企業によって担われているこうした基盤技術が日本の製造業の国際競争力の質的側面を下支えしてきたのであり，EMSがいかに台頭しようと日本産業において中小企業がプロダクトイノベーションに対して果たしてきた機能と役割の重要性は不変のものである．確かに個々のメーカー単位でルーティン化された系列生産分業システムの枠内からみると，こうした機能は海外でも代替可能かもしれないが，大田区の6,000社という産業集積が持つ多様な製造・加工技術とそれの有機的連関はいかに巨大なメーカーといえども内包は不可能だか

らである．またEMS企業にとっては，量産量販という観点でのプロダクトイノベーション機能は内包できても，地域産業集積における実験的試作への対応力のような「なんでもあり」の融通無碍は過剰機能である．しかし，むしろこれまで巨大企業が依存せざるを得なかったこのプロダクトイノベーションの核心部分こそは，EMSを含め多様化し高度化する今後のモノづくりにとってますます不可欠のものとなっていく．こうした文脈として考察すれば，量産量販型のグローバル企業に対するプロダクトイノベーション機能を積極的に果たしていくことも中小企業の対EMS戦略といえるのである．

　後者の，地域性や民族性といった個性的需要を対象にした独創性重視の少ロット・非価格競争型モデルはEMSとはまったく異なるモノづくりの道を歩むという点では対EMS戦略とはいえないかもしれない．しかし「民族性・地域性に基づいた高級品志向・ホンモノ志向のモノづくり」は決してグローバル性を欠いた市場性の乏しい製品作りを意味するものではない．むしろ実はここにこそ大衆消費社会を突き抜けた先進国の高度な消費者に対応するモノづくりの鍵が存在している．先進国向けの製品は消費者の個性化や自己実現欲求に対応することが求められているが，その際のキーファクターになっているのは，「相対的な少量生産(工業製品ゆえに絶対数は必ずしも少なくない)」「品質・加工精度の高さ」「デザイン・ファッション性の高さ」「文化性」などであり，それゆえモノづくりには「どこで，どのように作られたのか」という背景が要求されることになる．この点について，ドイツのベンツや，イタリアのブランド製品・スポーツカーを想定すれば分かりやすいだろう．メルセデスはダイムラー・クライスラーになった後もベンツの高級車Sクラスなどはドイツ本国で設計・生産することにこだわっているが，ステイタスシンボルとなるベンツSクラスはなぜメイド イン ジャーマニーでなければならないのだろうか．またイタリアのデザイナーブランドの手になる個性豊かなファッション，意匠製品，家具，工業製品，そしてカロッツェリアの手になる流麗なスポーツカーなどもイタリア本国での生産にかたくなにこだわり，もはやメイド イン イタリーは神話性さえ帯びているがそれはなぜなのか．こうした点についての吟味が必要だ．ドイツのベンツ

やイタリアの意匠品，スポーツカーは，「わけあって神話性を持った」のである．マイスターのモノづくりへの職人的こだわりやメルセデスの安全神話への挑戦がドイツの民族的・地域的特性と認識され，またデザインや意匠そのものがモノづくりのモチーフとなる豊かな感性が生み出した「イタリア的小粋」もイタリアの民族的・地域的特性と認識され，それが強烈な国際競争力を生んでいる．

　こうしたモノづくりはエレクトロニクス製品の世界で可能であろうか．結論からいえば，エレクトロニクス製品においても民族的・地域的特性を重視したモノづくりは可能なはずである．まず第一に「地域性や民族性といった個性的需要を対象にした独創性重視の少ロット・非価格競争型製品」は地域文化対応型製品や福祉機器などローカルプロダクツを含む．これらはコミュニケーションや障害に対応するもので，翻訳機やさまざまな福祉機材が想定される．グローバル化が喧伝される時代背景のなかでは英語の比重が増すばかりであるが，「民族の時代」ともいわれる状況のなかで民族紛争が絶えず，異文化コミュニケーションの重要性も増しており，少数民族を含めた多様な言語間翻訳のツールが必要である．また障害をカバーする機器は今後はロボット化などきわめて高度な技術とともに多様な多品種少量生産が要求されるだろう．第二に，コンピュータOSや携帯端末の通信方式，デジタル記録メディアの記録方式などさまざまな基幹技術の国際間の覇権争いにみられたように，マス需要においても完全なデファクトスタンダードはそう簡単には登場し得ないということである．デジタル技術は絶えず陳腐化が進む一方で，グローバル企業間や国家間のヘゲモニー合戦が続いており，米国の力づくの規格統一要求も必ずしも簡単には受け入れられていない．たとえばIMT2000という次世代通信方式の規格統一を巡ってさまざまな企業間や国どうしの綱引きがあったが，「iモード」はポケベルをプライベートツールにした日本的なコミュニケーションスタイルという文化的背景があってはじめて成立し得たもので，立派なローカルスタンダードであったが，それが同時に国際競争力をもつ技術にもなった．

5.2.3 国内製造業拠点発のグローバル対応体制

さて第三の場合，国内中小企業集積の共同体的再構築，すなわち中小企業集積における「コラボレーションによるバーチャルカンパニー」のネットワーク上の構築によって，国内製造業拠点発のグローバル対応体制を敷くという戦略である．

そもそも，日本の製造業集積地は多くの場合同業種・異業種が，工程の分業，技術の相互補完，納期の調整（製造分業）を行ない合い，街そのものが面としての有機的なモノづくり基盤として機能してきた．そして，系列の縛りやさまざまな制約はありながらも多様なエレクトロニクスメーカーの製造を請け負い，大手メーカーの設計・製品開発といったプロダクトイノベーションを陰から支えるその機能は，きわめて高度な一種の「社会的EMS」であった．したがってこうした製造業集積地における「コラボレーションによるバーチャルカンパニー」の構築は，もともとあった面としての有機的な製造請負機能をネットワーク化によってグローバル化に対応できるより強固なものに再構築しようとする動きとして理解されるべきであり，いわば「コラボレーション型EMS」ともいうべきモデルなのである．コラボレーション型EMSのグローバル戦略は，一言でいえば，居ながらにしての「世界の新製品の生まれ故郷」化であろう．世界最先端のモノづくりの請負をあえて国内において成り立たせようというものである．国内製造拠点の海外移転が急速に進んだ1990年代半ばに，取引先の大手メーカーの要請があった中小企業のほとんどが国外に移転してしまった．つまり現在国内の中小企業集積地に残る中小企業の多くは，海外移転が不必要だったかあるいは不可能だった企業である．さらに可能性の問題はともかく，中小企業の多くは海外移転に伴う新規投資のための資金調達が難しく，また地域社会に根付いた地域企業としての制約から移転しづらいという問題もあった．そもそも海外移転や平成不況の長期化によって国内製造業の空洞化や製造業集積の摩滅も問題になっていただけに，地域産業集積にとって復活・再生とグローバル対応を同時に図る起死回生の戦略ともなっているのである．

ネットワーク化も，産業集積における広範な企業を業種別のコア企業を中心に重層的に網羅し，国内ネットワークの拡大とともに翻訳機能を備えた国際コールセンターのような受発注窓口の一本化を図ることによって，個別企業のネットワーク化を遙かに超えたスケールメリットを生み出すことになる．いわば巨大なカンパニーがあらゆる種類の製品開発・製造部門を擁し，それに対応する国内外営業窓口が存在するようなものである．そうすることによって，このコラボレーション型EMSともいうべきモデルは世界の新製品開発におけるプロダクトイノベーションの要石として機能すると同時に，広範な企業連携によって産業集積そのものの稼働率の調節で個別企業のキャパシティを超える量産要請にも応えていこうとするのである．

5.3 コラボレーションとしてのEMS

中小企業がM＆Aや工場買取りという手法を取らずにアセンブリーの請負機能を大幅に拡大する手段があるとすればそれは事業の共同化や生産協同組合の組織だろう．企業買収や工場買収という手段を取らずに実質的な組立請負能力の飛躍が可能になるからである．したがって中小企業にとってのEMS戦略として，もっともコンセプチュアルな展望を持ち，かつ現実的な可能性を持つものは中小企業どうしの共同化（コラボレーション）による多様な工場設備集積を形成することなのである．

ところで，工場設備の協業ネットワーク化を目的にした中小企業の共同化は意識的な戦略というよりは，実は中小企業集積地における現実のあり方そのものである．東京都大田区や東大阪市の製造業集積にもっとも典型的にみられるように，日本の製造業集積地は多くの場合同業種・異業種が，工程の分業，技術の相互補完，納期の調整（製造分業）を行ない合い，街そのものが面としての有機的なモノづくり基盤として機能してきた．こうした製造業集積は産業の空洞化とともに，櫛の歯が抜け落ちるように企業の転廃業が進み徐々にその機能が失われつつあることは事実だ．しかし，ラフ図面だけで試作品から超精密品

まであらゆるモノづくりを可能にしたこの製造業集積こそが「モノづくり日本」の底辺を支えてきた基盤であり，同時にきわめて高度な「社会的EMS」であったことを再認識すべきであろう．したがってこの製造業集積の有機的な協業ネットワークを今日的に再構築することは，EMS台頭の時代に中小企業に対するコンセプチュアルな展望を示すだけでなく，実際的な「中小企業のEMS戦略」を指し示すことになる．

もちろん国内外のメガEMSやグローバルEMSに対抗するためには不要資産をそぎ落とし専門の違う異分野企業間での協業化が有効な手段となる．そしてそれには適切な外部資源利用方法やITツールの選択利用が重要となるのはいうまでもないことである．

5.3.1 大田区製造業集積にみるコラボレーション型EMS

「地域コラボレーション型EMS」大田区産業情報ネットワーク協議会

```
事務局： 東京都大田区
代表： 千田泰弘(株式会社オーネット社長)
設立： 2000年8月29日
国際コールセンター参加企業： 150社
SMET参加企業数： 11都道府県17地域の21,000社
事業内容： 大田区全域の38,000社のネットワークの形成
          国際受発注支援サービス
          新規事業のパートナーづくり
          国際コールセンターの運営
          全国中小企業インター受発注ネットワーク(SMET)の運営
```

中小企業のコラボレーション型EMSの概念にもっとも相応しい動きを見せているのが東京大田区の第三セクターの情報サービス会社「オーネット」(東京都大田区，千田泰弘社長)が中心となって組織化を図っている「国際コールセンター

(International Call Center)」や「全国中小企業インター受発注ネットワーク(SMET : Small Medium Enterprise Trade Network System)」だろう．国際コールセンターや全国中小企業インター受発注ネットワーク(SMET)は，東海大学の唐津一教授と大田区産業人有志が発起人となった「大田区産業情報ネットワーク構想」に基づいて開設されたIT活用型の地域産業創出のネットワーク活動である．「我が国有数の産業集積地，大田区の更なる発展を期するため，地域ぐるみでIT対応を進め，（中略）取引の拡大，新規事業の創出，世界に誇れる『大田ブランド』の確立」（大田区産業情報ネットワーク協議会ホームページより）を目指すとしている．

　国際コールセンターは，インターネットを介して部品加工や試作品の注文を一括して受け付け，部品などの海外発注も一括して行なう仕組みである．国際コールセンターの基本的な仕組みや基本サービスの概要は以下のとおりだ．

- 国際コールセンターの基本的な仕組み
    (1) 大田区企業から会員を募り基本サービスと付加サービスを提供する
    (2) 将来的には全国規模の国際受発注ネットワークを形成する
    (3) 公的機関や民間機関が行なっているサービス，所有情報を有効活用する
- 国際コールセンターの基本サービス
    (1) （受発注に関する）企業紹介業務
    (2) 問合せ業務
    (3) 企業検索業務
    (4) マーケティング情報の提供
    (5) 翻訳業務

　センターにはすでにインドや豪州，欧州企業から発注や問い合わせの電子メールが飛び込んでおり，注文は随時地元の会員企業に振り分けられている．大田区の製造業集積でなければ作れないもの，大田区ならではの品質や精度と即応力，が高い訴求力を持つため，「世界の新製品の生まれ故郷となる"世界の母な

る工場群"」(千田社長)への発展が期待されているのである.

　一方「SMET」は1999年11月から稼働しはじめたインターネットを使った中小製造業データ検索システムのことで,やはりオーネットが運営している.大田区や埼玉県川口市など5都府県7地域の企業情報が登録され,得意技術や設備などをキーワードに,企業を検索することができる.このネットワークは2001年3月には11都道府県17地域の2万1,000社にまで拡大するが,最終的には全国規模の中小企業ネットワークの構築が展望されている.SMETへのアクセス件数は月5万件前後で,ビジネス仲介システムとしてはまだ発展途上だが,現在試作中の大企業,中小企業の双方が互いの企業プロフィルや受注情報,信用情報などを検索できるシステムが付加されればネットワーク型共同受注システムの完成度はより増すことになろう.システムを軌道に乗せるには大手企業の参加がカギとなるが,日立製作所やアマダなどが参加の意欲をみせている.

　国際コールセンターやSMETで構成される大田区の中小企業地域ネットワーク作りのコンセプトは次のようなものだ(図5-1).まず身近な仲間の企業を小さなネットで連結し,それを区全体のネットワーク(大田区産業情報ネットワーク)につないで域内の技術情報の相互交換を図る.少し具体的に言えば,まず区内企業の核になっている中堅企業の経営者が部品調達先,委託加工先など恒常的に付き合いがある企業との間にそれぞれ自社を中心とした小ネットを作り,そうした企業を中心にして縦横の分業関係をそのままインターネットに置き換えるわけである.そしてSMETは部品情報や加工方法などさまざまな情報などの提供でこれらのネットワーク機能をよりきめ細やかにするための仕組みとして機能するのである.そうすることで地元の技術資産をネットワークでつなぎ,地域の産業集積そのものをバーチャルカンパニーとして,世界を相手にした地域経済活性化の推進母体に育て上げる,というものである.

　とりわけ設備や工場の「共同資源化」はこのバーチャルカンパニーのもっとも肝要な部分だ.大企業や海外企業の多様な受注に応え,要求ロットをさばくためにはそれなりの設備投資が必要だ.しかし一般に小規模企業や中小企業にとって数種類ものCADを入れたり,複数の加工設備を一斉に更新する余裕はな

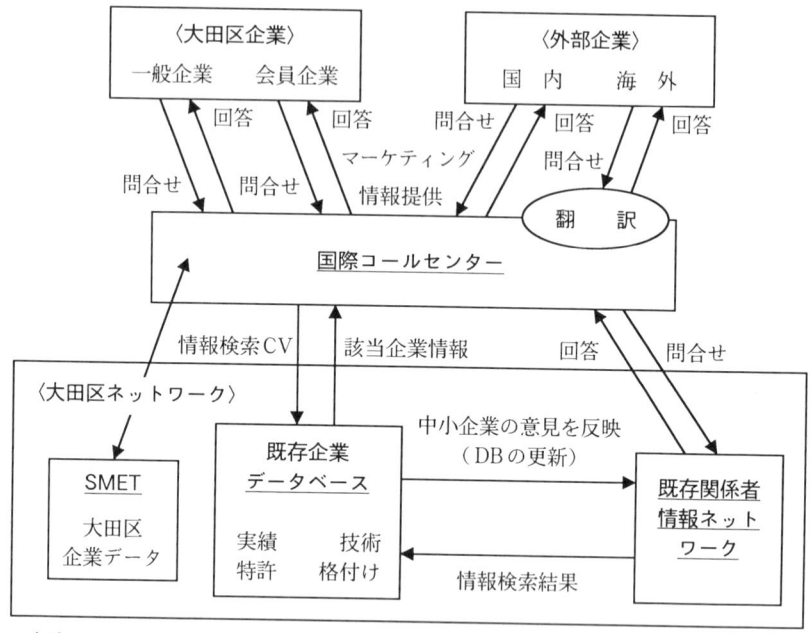

図5-1 大田区産業情報ネットワーク構想と「国際コールセンター」

出所：オーネット社ホームページ「大田区産業ネットワークの概要」より

いのが実態だった．ところが小ネットの連携で他社の設備状況がつかめれば，仕事を融通し合えるし，一部工程の委託も容易になる．さらには各種の新鋭機を分担して導入することもできるようになる．

これまで，大田区には俗に「ビルの屋上から新製品の設計図を紙飛行機にして飛ばせば翌日，あるいは翌々日には試作品が出来上がる」といわれるほどの町工場どうしの密接な連携と能力の高さがあった．だが一口に大田区といっても，6,000軒を超える工場がひしめいており，どんな技術や設備の持ち主であっても仕事の系列が異なれば互いに知らないのが実態だった．サブネットの連携はその壁を乗り越える仕掛けになることが期待されている．こうして地域の産業集積そのものが一つの巨大なバーチャルカンパニーへと発展していこうとしているのである(図5-2)．

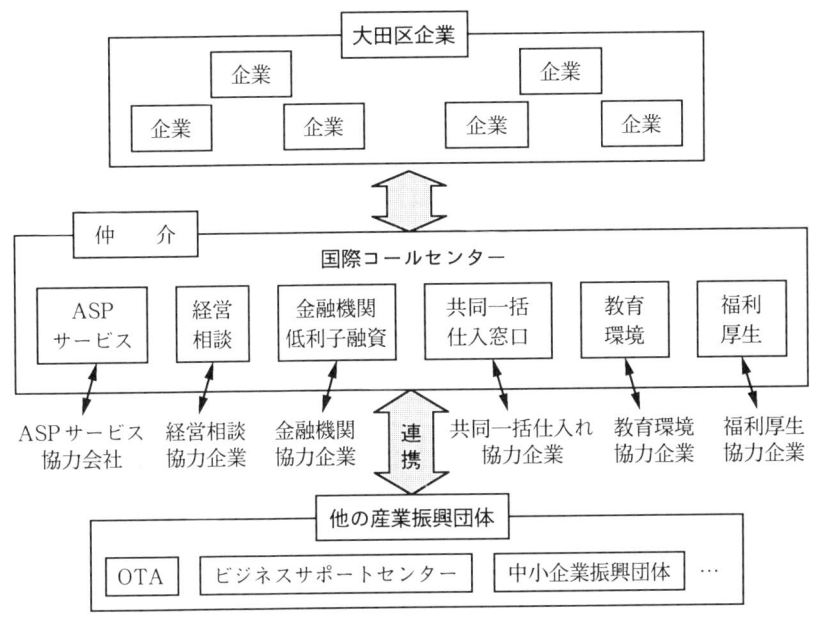

第5章　中小企業のEMS戦略　　　　　　　　　　　　　　　**179**

ASP： アプリケーションサービスプロバイダー
出所： オーネット社ホームページ「大田区産業ネットワークの概要」より

図5-2　「国際コールセンター」の持つ産業集積一体化機能

　このネットワークは地域産業集積そのものを一つの巨大なバーチャルカンパニーとして形成していくために，もう一つユニークな機能を備えている．企業紹介や共同受発注といった中核機能だけでなく，APS(アプリケーションサービスプロバイダー)サービス，経営相談，低利子融資，共同一括仕入れ，教育環境の提供，福利厚生の提供などの高度な付加サービス機能がネットワーク会員企業には提供される．大企業でもなかなか提供しがたいさまざまな社会的機能がこのバーチャルカンパニーの福利厚生制度やバイイングパワーとして機能し組織の活性化を促している．

5.3.2 大田ブランドによる「世界の母なる工場群」を目指して

　EMSはもちろんのこと，製造企業全般にとってグローバル対応やグローバル戦略といった場合，普通はベストプラクティスの形成を目的にしたグローバルSCMが想定される．そしてそれに叶ったアセンブリーや部品調達，ロジスティクスのための最適地が選定されるはずである．しかし大田区の製造業集積は「大田区の製造業集積でなければ作れないもの，大田区ならではの品質や精度と即応力」，他に代替できない「大田ブランド」を訴求し，ネットワーク上での「世界の母なる工場群」を目指しているのである．大田区製造業集積のグローバル戦略は，地域コラボレーション型EMSをバーチャルカンパニーとして創造し，「大田ブランド」という新しいブランド戦略を武器に世界の製造企業を丸ごと顧客にしようという遠大なものだった．

　国際コールセンターが「産業情報ネットや多数の小ネットの玄関口の役割を果たす」(千田社長)ものとして定着すれば，世界中から試作品を受注したり，さらにはコーディネーター機能の高まった大田区から各国の工場に生産能力に応じて仕事を割り振ったりすることも見込めるようになるだろう．

　当初大田区の技術を世界に売り込む窓口として着想された国際コールセンターは，いまでは地域コラボレーションの一大拠点へと大きく飛躍しつつある．

5.4　日本の中小製造業の新たな可能性はどこにあるのか

　表だった活躍が目立つため，日本の産業を支えているのは大企業ばかりではないかという印象もあるが，実は日本の事業所総数の約99％，総雇用労働者数の約80％，GDPの約60％(以上は全産業平均)を支えているのは中小企業だ．

　また，製造業についてみてみると，日本の中小製造業は国際的にみても労働者の質，生産性，技術水準などが極めて高く，自動車，新素材，半導体，ロケット工学など日本の基幹産業やハイテク産業におけるキーテクノロジーを担うようなめざましい活躍をしている企業も多数存在している．そしてこれらの中

小企業のうち過半を超える企業が，大企業の系列企業や下請企業として組織されてきた．

こうした日本の産業構造の特殊性を指して，日本のことを「中小企業の国」と表現する学者もいるほどで，日本の産業，とりわけ製造業にとって中小企業の存在は極めて重要な意味を持っていた．

5.4.1　日本の中小製造業の強さの秘密

この大企業と系列企業や下請企業との関係は，資本力と総合力で優れる大企業が少数存在する一方で，小規模でありながら質の高い労働力や高度な技術を備えた中小企業が大量に存在するという「二重構造」となってきた．そしてこの二重構造によって，日本の大企業は質の高い部品を極めて低コストで調達することが可能となり，また不況時にはこの中小企業の整理統合が進むことで「日本産業における需給調整弁」（労働力と生産力における需給調整弁）として機能するなど，日本の大企業の国際競争力の強さの大きな秘密となってきた．

日本の中小企業の多くは，その質の高い労働力や高度な技術によって日本の大企業の国際競争力の強さを支えるなど，日本産業の頼もしい縁の下の力持ちとして機能してきた．

この世界的にみても傑出した日本の中小製造業の強さは，主に

- 職人的技術の伝統
- 創意工夫や創造性の逞しさ
- 中小企業集積地域や地場産業における産業コミュニティの形成

の3つによって担われてきたものである．

日本の中小製造業のなかでも，特に小規模企業の強さを象徴してきたのが，職人的技術の伝統だ．こうした職人的技術は設備の古さや前近代性を補う技能であるだけでなく，現在では最先端の製品作りにも活かされている．とくに，新製品の試作品や製品の重要な部位を構成する部品，オーダーメイドで生産される製品などは，生産シフト先の海外では対応できず国内に戻されるといった

ケースも少なくない．その点，工作機械の加工精度を超えるような高い精度の製品を期日以内に納めることのできる職人的技術を持った企業は，日本にはまだまだたくさん存在する．

　加えて，日本の製造業は欧米からの技術導入を熱心に行なってきたが，これを単なる物まねで終わらせず，持ち前の勤勉さと器用さで改良を加え，自らのものに消化していったところにも日本産業の強さの秘密が隠されている．

　また，個別企業の取り組みの成果だけでなく，中小製造業の共同性が培ってきた日本の中小製造業の総体としてのポテンシャルの高さも見逃せない．

　日本の中小企業・下請企業は質の高い労働力や高い技術水準を持っている企業が多いというのは前述のとおりだが，こうした中小・下請企業の技術水準の高さは一般には総合性を欠いており，狭い領域における専門性の高さを誇っていても単独では自立が困難な場合が多いのが実態であった．

　しかし，日本の中小企業集積地域や地場産業はこうした弱点を下請企業どうしの横断的協働を行なうことで克服しようとしてきた．第二次世界大戦前の戦時体制に端を発する各地の中小企業集積地は，長年にわたって垂直分業・水平分業の両面の縦横無尽の共同化による産業コミュニティを作り上げてきたが，これによって弱点とされた設備・人材・技術の偏りを補い，大企業に負けない総合性を発揮してきたのである．

5.4.2　産業コミュニティのポテンシャル

　日本の産業集積における「垂直分業・水平分業の両面の縦横無尽の共同化による産業コミュニティ」が持っていたポテンシャルの今日的再構築を萌芽的に示す事例がある．EMS企業や大田区産業ネットワーク構想とはスケールで比較にはならないが，それは下請企業どうしの事業共同化の動きである．下請企業の中には，グローバル化がもたらした系列の揺らぎなど大企業との関係の希薄化を機会に，自社単独での生き残りを模索するだけでなく，新しい自立策として事業の協同化を模索する企業の動きが目立っている．こうした動きは地域産

業集積の本質的な共同性を図らずも証明するものであると同時に，大田区産業ネットワーク構想につながる「社会的EMS」の原初的形態として理解すべきであろう．

　もともと日本の下請中小企業集積は大企業の工程の外部化として組織された，いわばアウトソーシングの原初型のようなものであった．そのため個別企業は完全に独立した存在とはならずに，加工領域の分担，分業の際の情報交換，専門領域ごとの棲み分け，仕事の融通・振り分けなどについて常に協力関係を維持してきた．そしてこの有機的な連携こそが，底辺レベルから高度に洗練された日本産業の強さの秘密だった．

　最近では，こうした下請企業の協同性がもたらした「強さ」を見直し，下請企業の生き残り策の一つとして，従来の下請企業の横のつながりを軸に新しい共同組織作りを行ない，特定大企業の仕事だけでなくさまざまな仕事を複数企業で請け負うという動きが注目を集めている．

　たとえば，1989年に東京都墨田区内の若い経営者が集まり，18社でスタートした中小・下請企業集団「ラッシュすみだ」では，小さいものから大きいものまで，また，受注から開発，各種加工，製品化まで，顧客のあらゆるニーズに応えられる体制を整えている．月2回の定例会を持ち，そこで顧客の注文に対応できるように組織されるプロジェクトチーム（数社から10社程度で組織）で各社の得意分野を活かしながら設計段階からすべて自前で進めることができるため，顧客のニーズを的確にとらえた収益率の高い仕事が受注できているという．

　「ラッシュすみだ」は国際コールセンターのような構想を欠き，確かにグローバル対応という点では大きな「欠陥」を持つ．しかし国内中小企業ネットワークの有機的再生に焦点を絞った「ラッシュすみだ」の挑戦は下請零細企業の生き残り戦略としては十分有効に機能している．

　下請零細企業にとってグローバル戦略があるとすれば，それは元請企業との関係において生ずるものであり，元請企業のグローバル戦略がなければ考慮のしようがないからである．こうした問題を考慮して，大田区産業ネットワーク構想も元請企業の優先的ネットワーク化とともに下請企業のネットワーク化に

も腐心した「元請―一次下請―二次下請」間の仕事の割り振りの仕組み作りを行なっている．

5.4.3 大田区中小企業集積地域の強さの核心はなにか

東京都大田区の中小企業集積地域は，その規模，技術的水準の高さ，総合性，融合化の進展度合い，のいずれをとっても最も高い水準にあり，日本の中小加工・製造業の未来を考える際のひとつのモデルとなっている．世界水準でみてももっとも高度な中小企業集積をなすこの地域の構造と可能性を検証することで，日本の中小加工・製造業が生き残っていくための未来像を知ることができる．

大田区中小企業集積地域の構造の特徴や強さの秘密について整理すれば以下のようなものになろう．

1．大田区の製造業は非常に裾野の広い多種多様な業種の集積となっている．
2．技術の職人的熟練がうまく継承されている．
3．大田区では素材から高度な機械器具に至るまでの社会的分業関係が内部で成立しており，一方で個別の生産部門の専門化が進んでいる．
4．専門化によって技術が高度化し集積が一種の総合力となっている．

もともと日本の，大田区をはじめとした都市型中小・下請企業は，1950〜60年代に「金の卵」ともてはやされて都会の製鉄所や機械工場に集団就職した職工達が，自身の工場設立を夢みて，自立後もとの職場であった工場の周辺にその仕事を請け負う零細企業を起こしたものが大部分であり，こうした企業がいわゆる企業城下町を形成していったのであった．そして起源がそうであるだけに，親企業の部分工程をこれらの下請企業が協業しながら請け負うのが通例とされてきた．企業城下町の各下請企業は，一見独立した企業でありながら，実質的には親企業の工程を「外部化」したものであり，資本関係も強く，排他的な請負契約を余儀なくされているケースが多かった．

それだけに企業城下町の各下請企業間の連携も進んでおり，各企業はそれぞ

れの企業秘密や専門技術を大事にしながらも，加工領域の分担，分業の際の情報交換，専門領域ごとの棲み分け，仕事の融通・振り分けなど有機的な協力関係を相互に構築してきた．

こうした特徴を持つため，大田区中小企業集積地域は，
- 内部であらゆる製品・部品作りに対応できる
- 専門性の高い企業が多く，きわめて高度な製品作りに対応できる
- 地域内の企業間ネットワークや分業体制が発達している

ために，仕様，納期に非常に融通が利く，といった「集積性それ自体によって獲得された強さ」を発揮するに至ったのである．

5.4.4 中小製造業の新たな可能性

中小企業の新たな可能性を展望する際に，これまで垂直分業・水平分業の両面にわたって縦横無尽の地域内協同化産業コミュニティを作り上げてきた，大田区をはじめとした中小企業集積地域は特別の意味を持つ．中小企業集積地域は，今後の取り組み次第では大企業主体のマスプロダクションに代わり，次代の「主役」になるポテンシャルを秘めている．

産業組織論の専門家であるマイケル・J・ピオリとチャールズ・F・セーブルは，彼らの共著『第二の産業分水嶺』(山ノ内靖訳，筑摩書房，1993年) の中で，中小製造業の将来展望について興味深い指摘をしている．消費社会の高度化や環境問題に柔軟性を持たない大企業の大量生産体制の行き詰まりに問題意識を持ったピオリとセーブルは，中小企業の「柔軟な専門化体制(フレキシブルスペシャリゼーション)」を対置させ，この「柔軟な専門化体制」こそ中小企業の新たな可能性を示すものだとしている．

ここで挙げられている「柔軟な専門化体制」とは，中小企業集積地域の「クラフト(職人)的な技術の伝統と連なる産業地域コミュニティを基礎とした，技術や資金，労働力，情報を相互に供給し合う中小企業のネットワーク」のことであり，ピオリとセーブルはこの「柔軟な専門化体制」を保持したもっとも典

型的な地域が日本の大規模中小企業集積地だとしているのだ．彼らは地域社会とは無関係に構成される大企業中心のマスプロダクションに対し，中小企業集積地では職住接近や地域内協同化が定着しており，特に1980年代以降は「コンピュータを装備した数値制御工作機械の登場が，(中小企業の)クラフト的技術の伝統と結びつくことによって，産業コミュニティの再生に大きく貢献している」として日本の大規模中小企業集積地域に強い関心を寄せている．ピオリとセーブルのこうした問題意識の先に焦点を結ぶのが大田区産業ネットワーク構想であろう．

　彼らが主張するように，大企業のマスプロダクションはある意味で閉塞感を持っている．平成不況の長期化の一つの原因として個人消費の停滞が挙げられてきた．その理由をひもとくために，日本銀行の「消費者実態調査」や電通の「消費生活態度」などの調査結果をみると，消費者がモノを買わない理由として「買いたいモノがない(欲しいモノがない)」という理由が常に上位を占めている．「購買原資がない(お金がない)」「雇用・老後不安(将来不安)」もともに高く「買えない」層も多いわけだが，「買わない」層も多いのである．だからこそオンデマンドプロダクトやワントゥワンマーケティングが求められたわけだが，そもそも究極のスケールメリットを追求するグローバルな量産量販体制はオンデマンドやワントゥワンを必ずしも実現できない．できるのは，CSというレベルで顧客に結果としてオンデマンドやワントゥワンだったという満足感を持たせることであり，実質的に担えるケースは少ない．

　地域的な差異や個人レベルの細かなニーズを拾えるのはやはり職住接近の地域産業集積に存在する企業であり，その担い手の生活者の視点であろう．先ほども述べたが，地域性や民族性を帯びた製品作りは決してローカル市場のニッチ製品だけを意味しない．マイスターのモノづくりへの職人的こだわりやメルセデスの安全神話への挑戦がドイツの民族的・地域的特性と認識され，またデザインや意匠そのものがモノづくりのモチーフとなる豊かな感性が生み出した「イタリア的小粋」もイタリアの民族的・地域的特性と認識されながら，それが強烈な国際競争力を生んでいることは，そのなによりの証拠であろう．

スケールメリットを最大の武器にアセンブリーを横断的に請け負うことで成長を遂げてきたメガEMSの対極には，マーケティング，開発から製品づくりまでを垂直統合する大企業の伝統的マスプロダクションの行き詰まりがあった．一方，米国・台湾型のEMSに対し，製造業ソリューションの提案というきめの細かさをEMSの概念に持ち込んだのが日本型EMSという新しい流れである．さらに製造業集積地における「コラボレーションによるバーチャルカンパニー」の構築という「コラボレーション型EMS」は中小企業のグローバル戦略さえをも包含するまったく新しい発展の可能性を示したといえよう．

5.5 中小企業のEMS戦略の展望

中小企業のEMS戦略はこれまで述べられてきた大企業のメガEMS化やグローバルEMS化戦略とはおのずと異なるものにならざるを得ない．中小企業は，強い優位性を持つビジネスモデルを携えたベンチャービジネスでもない限り，スケールメリットの追求やM＆Aなどの体力勝負が必要となる競合でグローバル企業に対して勝ち目はない．ニッチEMSといえども，グローバルEMSとの差は世界市場でコスト競争力を競い合うか否かの差に過ぎず，現状では一般の中小企業や零細企業とは別世界の物語といってよかろう．だが，まだ黎明期とはいえネットワーク化による中小企業集積の再構築という新たな道を模索しはじめた「社会的EMS」が備えた総合的な「製造業ソリューション」提案というスタイルは概念として中小企業や零細企業のEMS対応や生き残り策に新たな道筋を示すものとなろうとしている．

あらためて概念的な整理をすると，EMSは巨大な工場企業に特化し究極のスケールメリットを訴求することで，ブランドにとらわれず多様なエレクトロニクスメーカーの製造を請け負う企業のことだった．またEMS企業の特徴で留意すべき点は，単に製造を請け負いプロセスイノベーションでの優位性を主張するだけでなく，設計・製品開発といったプロダクトイノベーションを実施し，世界最適地調達や世界最適地生産といった地球規模のSCMを行なうなどのグロー

バル戦略を持ち，それを主体的に担う戦略型企業である，ということだった．しかし冒頭で述べたように，キョウデンなどの日本型EMSの最大の特徴はグローバル戦略を重視するグローバルEMSとは異なり，CSを重視した「製造業ソリューションの提案」を行なうという点だった．したがって，それは米国型や台湾型のEMSのようにスケールメリットの訴求で大企業の大規模な生産ラインを請け負うことだけでなく，場合によってはスケールメリットの追求とは一見矛盾する多品種少量生産の請負いや，アセンブリーを超え部品調達から物流までをも包含する生産の川下請負いを行なう，実に日本的なきめの細かさが身上だった．

EMSは量産量販を前提としたグローバル企業の国際競争力強化の戦略と一体のモノとして成立している．したがって，通常はその生産ラインの対象となる製品は民族性・地域性を徹底的に排除した国際流通商品である．

だがEMSが持つ「あらゆるブランドから中立で自律性を持ち，スケールメリットの最大化でOEMのコストダウンに貢献」というコンセプトは，21世紀型地域社会にとって不可欠の要素となる，高付加価値な地域の個性的製品づくりにも，極めて重要な意味を持つことになろう．先ほども述べたがドイツの自動車製造業やイタリアの意匠品・スポーツカー製造業がそうであるように，先進国の量産量販型ではないモノづくり中小企業の生き残り戦略のひとつの選択肢には，「高付加価値を実現するための民族的意匠とクオリティへのこだわりと，それを支える地域生産能力の保持」もある．地域の個性的製品づくり企業の強みは，量産量販型企業のような「プロセスイノベーション主体」にあるのではなく，「プロダクトイノベーション志向」にこそあるのだから，従来とは異なる「地域の個性的製品作り請負型のEMS」が今後求められる可能性は高いのである．

「地域の個性的製品作り請負型のEMS」は，個別のモノづくり企業やそれによる工場買収によって担われるだけでなく，大田区の中小企業集積やそのネットワークの再構築，すなわち事業協同組合型組織やコラボレーション型EMSなども包含されることになろう．そして後者こそに「逆説的EMS革命」ともいうべきEMSの新たな可能性をみるのである．日本の中小製造業集積地では，個別に

優れた要素的加工技術が地域内で有機的つながりを持っており，その世界第一級の高度加工技術，特殊加工技術，即応体制は量産・量販型モノづくりを支えるだけでなく，地域の個性的製品づくりにこそ真価を発揮するだろう．

「コラボレーション型EMS」という文脈のなかで，中小企業の「柔軟な専門化体制(フレキシブルスペシャリゼーション)」を再興することができれば，中小製造業はスケールメリットで勝る大企業との競合にあえぐ弱者ではなく，小回り性と共同による総合力から生まれる「巨大な産業パワー」にもなりうる可能性を秘めているのである．

参考文献

原田 保・山崎康夫編『実践コラボレーション経営』日科技連出版社，1999年．
稲垣公夫『EMS戦略』ダイヤモンド社，2001年．
マイケル・J・ピオリ，チャールズ・F・セーブル共著，山之内 靖(訳)『第二の産業分水嶺』筑摩書房，1993年．
関 満博『新「モノづくり」企業が日本を変える』講談社，1999年．
山田俊浩・山田雄大「EMSショックの全貌」『週刊 東洋経済』，2001年3月3日号．
山田俊浩・岡本 享「EMSが製造業を救う!」『週刊 東洋経済』，2000年7月17日号．
吉田敬一・永山利和・森本隆男編『産業構造転換と中小企業』ミネルヴァ書房，1999年．
吉田敬一『転換期に立つ中小企業』新評論，1996年．

Electronics Manufacturing Services

第Ⅲ部

EMS 企業のコアコンピタンス
どこに優位性を見出せるのか？

第6章

EMS企業のM＆A戦略

山本尚利

6.1 EMS企業のM＆A戦略の背景

ソレクトロンのようなEMS企業は短期間に売上を倍増させるところが多い．そのほとんどは既存のライバル企業や顧客企業の工場の買収によって成長している．そこでEMS企業のM＆A戦略について述べる．

6.1.1 生産外注化の歴史

技術の進化，専門分化の深耕によって，製造業が上流から下流の技術を全て垂直統合的に社内資源で賄うのは必ずしも最善の選択ではなくなっている．

製造業の工程はエンジニアリングと生産現場に大別できる．エンジニアリングは，マーケティング，顧客との交渉，開発，設計などの上流工程を指す．生産現場は工場や建設現場などの下流工程を指す．

製造業のコアコンピタンス戦略は上流工程のエンジニアリングを重視するか下流工程の生産現場を重視するかの二者択一となる．

ブランド企業ほど，また大手企業ほど上流工程のエンジニアリングを重視する傾向がある．エンジニアリング力があれば，高付加価値企業となることができる．そして下流の生産工程と物流工程は子会社化する傾向が強まっている．さらに，OEM企業の技術力向上により，生産工程を一括，第三者企業に外注するケースが増えてきた．

日本の製造業大手は，生産工程を子会社化するまでは抵抗なかったが，OEMに踏み切るには長い時間を要している．日本メーカーでは生産技術をブランド維持のためのコアコンピタンスとみなす風潮が強い．生産コスト，納期，品質を完全にコントロールするのに第三者にアウトソースすることはリスクが大きいし，技術が外部流出すると考えられてきた．

　そこで日本では生産コスト低減のために「ケイレツ(系列)モデル」が普及した．ケイレツは第三者アウトソースであるが，委託者と受託者が長期契約で主従関係的取引を行なうことである．受託者は請負コストを下げ，納期を守り，品質を保証する．その努力に報いるため委託者は受託者へのアウトソースを長期的，持続的に保証する．安定成長事業にはケイレツモデルは有効に機能する．

　ケイレツモデルは委託企業にとって，技術の外部流出が防げるが，委託者と受託者の馴れ合いが生じてコストアップとなる場合が生じる．また，技術革新が激しい事業，生産量が大きく変動する事業において，委託者にとってケイレツモデルを維持することが困難となる．技術革新が激しいエレクトロニクス事業はケイレツモデル維持が困難であった．日本のIT機器大手メーカーは系列グループ内に部品企業を抱えていても，系列外取引で部品調達しないと価格競争に太刀打ちできなくなっている．

　そこで，エレクトロニクス業界は図6-1に示すように，ケイレツモデルから自由競争のEMSモデルに移行せざるを得なくなっている．しかもグローバル規模でのモデルチェンジが求められている．

　ケイレツモデルでは親会社と子会社の主従関係，あるいは大手メーカーと系列ベンダー企業の上下関係で構成されるが，EMSモデルでは大手メーカーと大手EMSは対等の関係となる．EMSが顧客企業に対し，交渉力を保持するためには，経営規模を顧客企業に匹敵するだけ大きくするほうが有利となった．そこで，EMS企業は大手企業の系列ベンダー企業を買収することによって経営規模の拡大を図った．

第6章 EMS企業のM&A戦略

ケイレツモデル

系列ベンダー

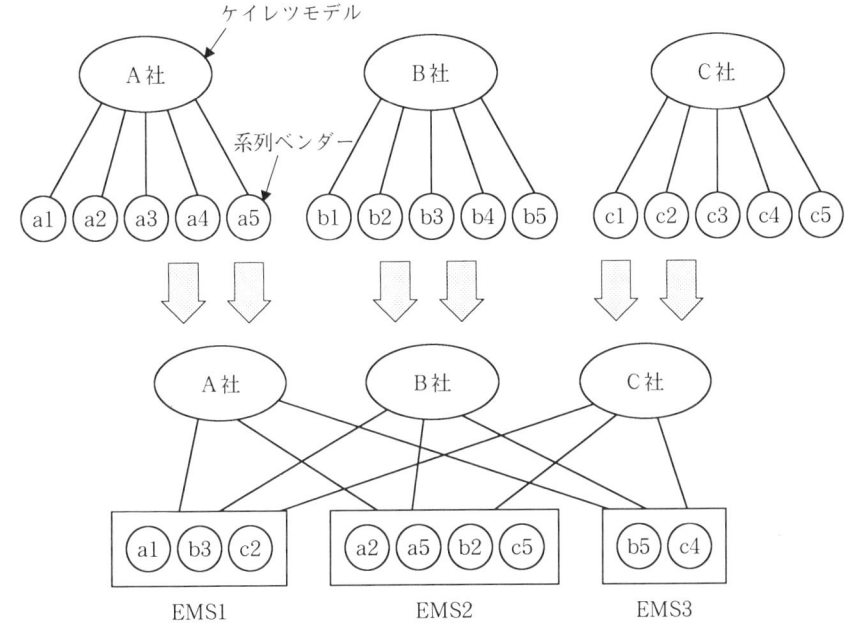

図6-1 ケイレツモデルからEMSモデルへ

6.1.2 EMS企業のM&A戦略の特徴

EMSが受託領域を拡大しながら経営規模を拡大するために，専門技術を有するOEM企業を買収する戦略が選択された．

さらに顧客である大手企業はコアコンピタンス戦略を取り始め，コアコンピタンスを下流工程ではなく，マーケティングや製品開発やソフトウェアによる差別化など上流工程に置き始めた．その結果，生産子会社や直営工場を売却する傾向がではじめた．

そこで，EMS企業は顧客企業の生産子会社や直営工場を買収しながら経営規模を拡大することが可能となった．

図6-2にEMS企業のM&A戦略コンセプトを示す．

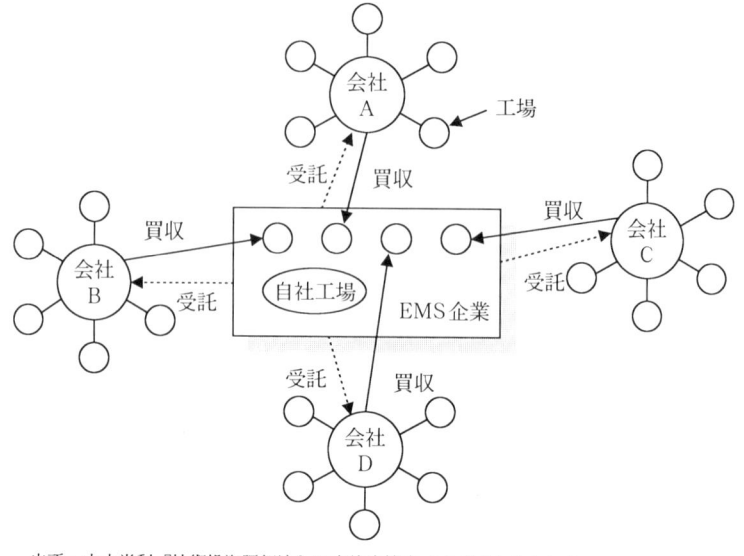

出所：山本尚利『技術投資評価法』日本能率協会マネジメントセンター
図6-2　EMS企業のM＆A戦略

　EMS企業は顧客企業の生産子会社や工場を買収し，経営権の譲渡を受けた後，その設備と人材を活用して，顧客企業から長期契約のEMSプロジェクトを受注するのである．このケースの場合，EMS企業にとっていくつかのメリットがある．まず顧客企業の蓄積した生産技術ノウハウを効率的に獲得することができる．また，顧客企業と安定した契約関係を維持しやすい．

　EMS企業にとって実績がなく不得意な製品分野の受託生産事業にも効率良く参入できる．さらに海外企業買収によってグローバル事業展開が容易となる．

6.1.3　EMS世界市場の成長

　1990年代後半，インターネットが世界規模で爆発的に普及し始め，PC（パソコン）はインターネット端末として必需品となった．また，企業においてはクライアント・サーバーによるイントラネット構築，インターネット接続投資が活

第6章 EMS企業のM＆A戦略　　　197

発化し，コンピュータ，周辺機器，通信機器，ネットワーク接続機器の市場が一挙に高まった．

そこでIT機器ブランドメーカーはグローバル競争に勝ち残るためマーケティングと製品開発とソフトウェア開発に経営資源を集中させる必要が生じた．そこで，ハードウェアの生産をEMS企業に外注する傾向が強まった．

図6-3に示すように，EMS世界市場は1990年代後半より急速に成長し始めた．

EMS世界市場の成長とともに，PCB（プリント回路基板）生産受託などのOEM企業を中心にEMS市場への参入と，グローバル化事業拡大が活発化してきた．EMS市場の急速な成長に俊敏に対応するために，EMS企業はグローバル規模でM＆A戦略をとることが最善の戦略となったのである．

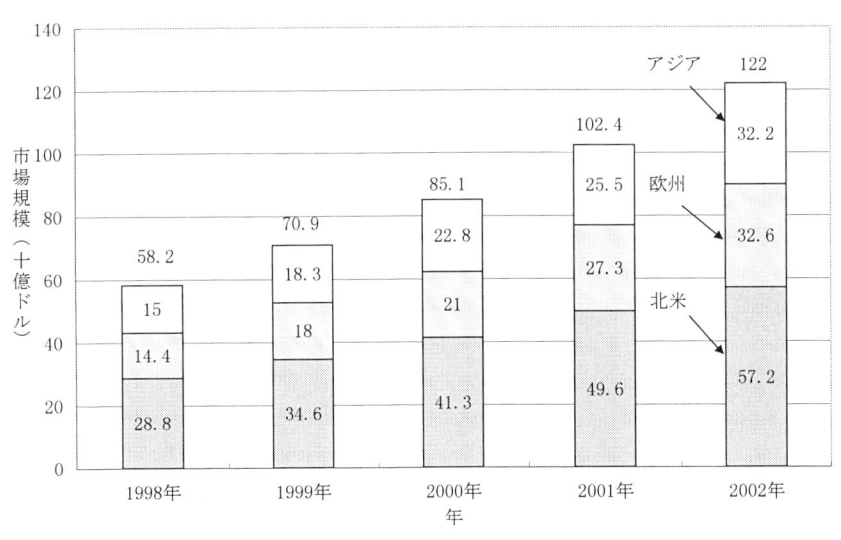

出典：Technology Forecaster, Inc.
出所：サンミナウェブサイト

図6-3　EMS世界市場

6.1.4 シリコンバレーのネットワーク分業体制

EMSが成長する原動力はもともとシリコンバレーのネットワーク分業にある．図6-4にシリコンバレーのITソリューションのネットワーク分業体制を示す．

シリコンバレーネットワークはインターネット活用ITソリューションに最適なビジネスモデルとなっている．ソフトウェア開発，半導体設計生産，IT機器ブランド化とその販売およびEMSをネットワーク分業体制(水平分業)で実現している．EMSというコンセプトもシリコンバレー型ネットワーク形成の過程で生まれた．

シリコンバレー型ネットワークは人材の価値観統一化，強固な企業文化の形成もそれほど必要ないので，M＆A戦略を採用すればグローバル化がスムーズにできる．インターネット環境で，マーケティング，ソフトウェア開発，調達，設計が低コストで可能となったため，グローバル水平分業体制は極めて効率的かつ合理的ビジネスモデルとなった．さらにIT機器や部品の小型化で，航空宅配便による低コストのジャストインタイム配送が利用できるようになった．

IT機器に関してはこうしてSCM(Supply Chain Management)も容易となった．

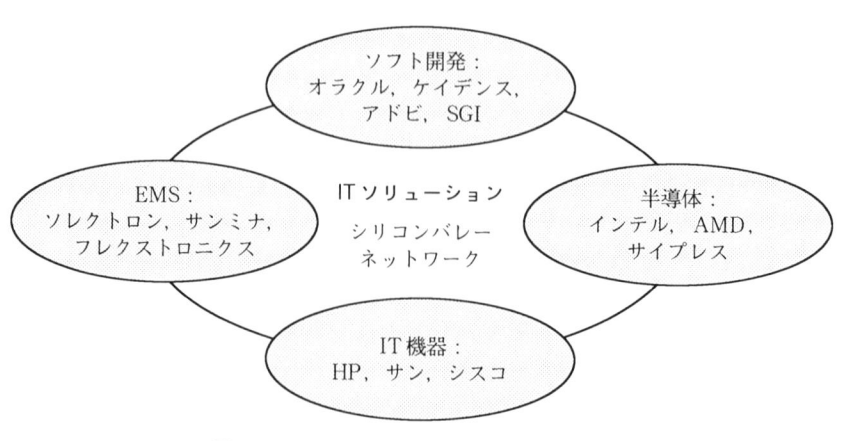

図6-4 シリコンバレーネットワークモデル

6.1.5 IT製造業における日米企業文化の違い

米国は前述のシリコンバレーモデルによってIT製造における世界市場を席巻したが，この成功モデルは日本ITビジネスモデルと大きく異なる．

日本においてはNEC，富士通，東芝，日立，三菱電機など総合電機メーカーがIT製造事業を主導している．そしてITソリューションビジネスを会社ブランド単位で垂直統合的に分業している．日本IT総合メーカーはシリコンバレー企業と違ってEMS機能を世界中に分散立地する生産子会社に置いている．

日本型ITソリューションビジネスは伝統的総合企業ビジネスモデルの延長で実行されてきた．図6-5に日本型ビジネスモデルを示す．

日本型ビジネスモデルではEMS機能を総合メーカーの系列組織で担っている．図6-4の水平分業型のシリコンバレーモデルと図6-5の垂直統合型の日本型モデルはそれぞれ一長一短がある．そこで，図6-6に両者の比較マトリックスを示す．

M＆A戦略によって成長してきたEMS企業もEMS市場台頭もシリコンバレーモデルの成長によってもたらされた．EMS市場が日本に浸透するかどうかは日米企業文化の違いをまず知る必要がある．

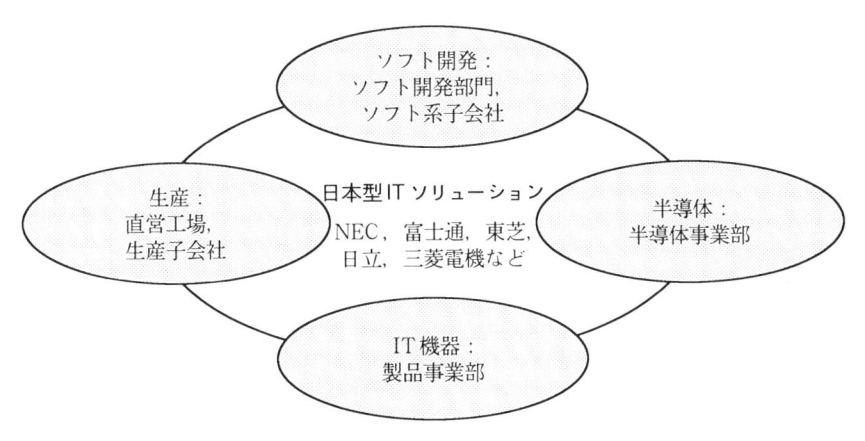

図6-5　日本総合ITメーカーモデル

	垂直統合型 日本型モデル	水平分業型 シリコンバレーモデル
長所	・長期戦略対応有利 ・ブランド形成有利 ・顧客に安心感 ・社内人材流用可能 ・雇用安定化 ・社員忠誠心高い	・グローバル展開容易 ・専門分業(モチはモチ屋) ・異業種活用によるイノベーションでやすい ・競争活性化 ・市場変化に柔軟対応可能
短所	・馴れ合いによるコスト上昇危険 ・社内外人材流動化不活発 ・官僚化しやすい	・雇用不安定 ・社員忠誠心希薄 ・大型プロジェクト対応困難

図6-6 日本型モデルとシリコンバレーモデルの比較

インターネット時代はコンピュータソフトウェアやマルチメディアコンテンツの開発がグローバル規模で行なわれる．IT機器メーカーも機器のインターネット接続対応に向けて世界標準の覇権競争に巻き込まれる．

こうしてIT世界市場においてはグローバル規模の技術革新競争が激化し，生産もグローバル化するので，図6-4の柔軟性の高いシリコンバレーモデルのほうが有利となる．

しかしながら，シリコンバレーモデルはIT以外の重電機，重工業，プラント，自動車，金属，エネルギーなどの製造業にも適合するかどうかは不明である．EMSモデルはIT業界にのみ有利であるのかもしれない．

図6-6のマトリックスではシリコンバレーモデルは大型プロジェクト対応困難となっている．例えば，電力プラント建設や航空宇宙開発プロジェクトなどは大型プロジェクトとなるので，組織力重視の日本型モデルのほうが有利であると思われる．自動車生産事業もシリコンバレーモデルが有利となるかどうかは不明である．

この意味で，EMSモデルがElectronics Manufacturing ServicesからEngineering & Manufacturing Servicesへと拡大するかどうかは充分議論を

要する.

　ところで図6-5の垂直統合型日本総合IT企業モデルはもともとGEやIBMのような米国大手メーカーをモデルとして成長してきた．米国の伝統的大手IT機器メーカー，IBM，HP，モトローラなどはシリコンバレーモデルが世界市場を席巻し始めても，なおかつ，垂直統合の日本型モデルを引きずっている．

　しかしながら，EMSが登場する以前から米国大手IT機器メーカーの直営生産工場は事実上独立採算制を敷いているケースが多かった．技術系人事異動について述べれば設計開発技術者と生産技術者と工場管理技術者は職種単位で専門分化しており，職種間人事異動は稀少であった．つまりEMS台頭の素地はできていた．この点が日米IT大手メーカーの両ビジネスモデルが似て非なる点である．

　例えば，HPの設計技術者が転籍する場合，ライバルのIBMの設計部門に移籍するのが普通であり，同じHPの工場生産技術者として人事異動することは稀である．一方，日本ではNECの技術者がライバルの富士通に転職することはほとんどない．NECの設計技術者が同じNECの工場管理者となることは普通の人事異動である．

　このような日米の雇用環境の違い，企業文化の違いがEMS成長に大きく係わっている．例えばEMS大手ソレクトロンは工場管理者や生産技術者を採用する際，HPやIBM出身者を容易に調達できる．彼らは専門家としてプライドを持っているが，所属企業への忠誠心はないに等しいから，契約条件次第で容易に転職するのである．プロ野球の選手が球団間を異動するのと全く同じパターンである．

　昨日の敵は今日の味方なのである．米国企業間のプロ野球的人材流動化環境では，企業が自社開発生産技術を技術差別化手段として囲い込むことは無意味となる．米国IT機器大手メーカーが生産機能をコアコンピタンスから外さざるを得なくなった原因の一端は上記の企業間技術系人材流動化環境にあると言える．

　一方，日本ではNEC出身者が転職してライバル富士通で働くと脱藩者扱いと

なる．根底には技術をどのように認識するかが係わっている．米国では技術は限りなく属人的とみなされるのに対し，日本では技術は組織帰属資産とみなされる．特に，生産技術は組織帰属資産であるとの認識が常識化している．

この認識を前提にすると，生産技術者がライバル企業間を自発的に転職することはモラル違反，掟破りとなる．企業の生産技術者が免罪される唯一のケースは，例えば，NECが自社工場を会社都合で，従業員込みでライバル富士通に売却したケースである．このような事例は日本において今後増えていくであろう．こうした事例が増えれば，日本企業間のM&A戦略は普遍化するのである．

6.2 M&A戦略動向

1990年代の米国新興企業における成功要因パターンのほとんどは株式公開による資本調達とそれを資金とするM&A戦略であった．そしてシスコシステムズやソレクトロンのようにM&Aによる売上増大と株価上昇の好循環サイクルを回すことによって大成長した企業が多く出現した．

6.2.1 M&A戦略の一般的動向

企業のM&A戦略が普及し始めたのは米国であり，今では世界に普及している．M&A戦略は製造業のみならず，金融業，流通業などほとんど全業種に普及している．

米国の公開企業の経営陣は株主利益を最優先するため，常に株価の維持，株価の上昇に最善を尽くす必要がある．そのために，資本の運用効果を短期間で最大化するのにM&A戦略はもっとも株主にアピールする手段である．

M&A戦略の長所：
① 経営規模を短期間で拡大できる．
② 事業の品揃えを豊富にすることができる．
③ 事業の弱点を効率良く強化できる．

④ 事業戦略をドラスティックに変更できる．

M＆A戦略の短所：

① 被買収企業の従業員のモラル低下．
② 合併企業どうしの企業文化の調整困難．
③ 雇用条件の統一化困難．
④ 被買収企業の負債を引き継ぐ必要がある．

このようにM＆A戦略は短所もあるが，M＆A戦略の負の側面を相殺するプラス要因がいくつか生まれたことが近年M＆A戦略が普及する原因となっている．

近年のM＆A戦略促進要因は以下である．すなわち，

① 企業従業員の忠誠心希薄化

企業従業員が所属企業ブランドより職種や専門性を重視するようになれば，自分の所属企業が買収されて会社名が変わっても心理的抵抗が少ない．そうなれば，被買収企業の社員モラルの低下は少ない．

② コアコンピタンス戦略の浸透

グローバル競争激化により，競争に勝ちぬくために，経営資源をコアコンピタンス事業に集中化する必要が生じた．そこで，企業はコアコンピタンスから外れる事業をリストラする必要に迫られる．

非コアコンピタンス事業のリストラ手段として，他社への事業売却は損失が少ない．そこで，企業はリストラ戦略の一環としてM＆A戦略を多用するようになった．

③ M＆A仲介斡旋サービス事業の普及

米国では投資銀行が企業M＆A斡旋サービスを行なっている．このような斡旋事業の普及によって企業はM＆A戦略を取りやすくなった．仲介業の介在によって，買収先や売却先の選択肢が大幅に増えた．また，M＆Aに必要な資金調達も容易となった．

④ 株主満足度の手段

米国企業は株主の権限が強く，企業経営者は短期間に業績を向上させること

が至上命令となる．そのためにはM＆A戦略がもっとも成果を出しやすいし，株主にアピールしやすい．場合によってはM＆Aは株価上昇手段ともなりうる．

事業環境変化の速いスピード時代の現代では長期的視点で人材育成したり，自社内で技術開発する方法では一般株主は待ってくれない．

⑤　収穫逓増法則の成立する事業増加

IT事業は世界標準あるいはデファクトスタンダードを制することが競争優位に立つ．またバイオテクノロジーやライフサイエンス事業も遺伝子情報を掌握した企業が競争優位に立つ．

21世紀に世界をリードする事業において，トップシェアを獲った企業が圧倒的優位に立てる．そこで業界トップシェアを獲るためにM＆A戦略は不可欠となる．

⑥　企業再編ニーズ

日本の金融業界のように，グローバル競争に勝ち残るために経営規模を拡大し，資本力を強化することが不可避となる．そのためにはM＆Aによる合併再編しか生き残り選択肢はない．この場合，M＆A戦略は生き残り防御手段と位置づけられる．

6.2.2　EMS企業にM＆A戦略波及

1990年代後半以降，EMS業界にも世界規模でM＆A戦略ブームが起きている．その原因はどこにあるのだろうか．

① EMS企業の顧客企業が生産機能をコアコンピタンスから外し始めた．そこで，EMS企業は顧客企業の工場を容易に買収できるようになった．

② EMSがOEM下請的企業の地位から脱皮するために，M＆A戦略により経営規模拡大の必要に迫られた．

③ IT企業はグローバル生産体制を競うので，EMS企業もグローバル化が生き残りの必要条件となった．そこで，グローバル化のための最短の道は海外工場の買収となるのである．

④ M＆A戦略によって，経営規模を急拡大することが株主から評価され，株価上昇につながった．株式資本市場価値の上昇により，EMS企業は買収資金調達が容易となり，さらなる企業買収が可能となった．

これまで，インターネット普及の過程で生じた世界的ITブームにより，EMS市場は高成長軌道に乗った．EMS企業の株式資本市場価値の増大が否応無しにEMS大手のM＆A戦略競争を助長した．

インターネットブームが続くかぎり，EMS企業のM＆A戦略は倍々ゲームの大成長軌道に乗ることができる．EMS大手ソレクトロンの売上高の伸びは図6-7に示すようにまさに倍々ゲームである．

IT市場がいかに高成長といえども，EMS企業が急成長するにはM＆A戦略をおいて他にない．ソレクトロンはもともとIBMのPC工場買収によって経営規模を拡大してきた．さらに勢いに乗って同業のフォース・コンピューターズ，ファインピッチ・テクノロジーズ，シークェルなどを買収してきた．

図6-7のソレクトロンの目覚しい成長はまさにインターネット普及によるIT需要にマッチする．ところが，2001年になってインターネットバブル崩壊によ

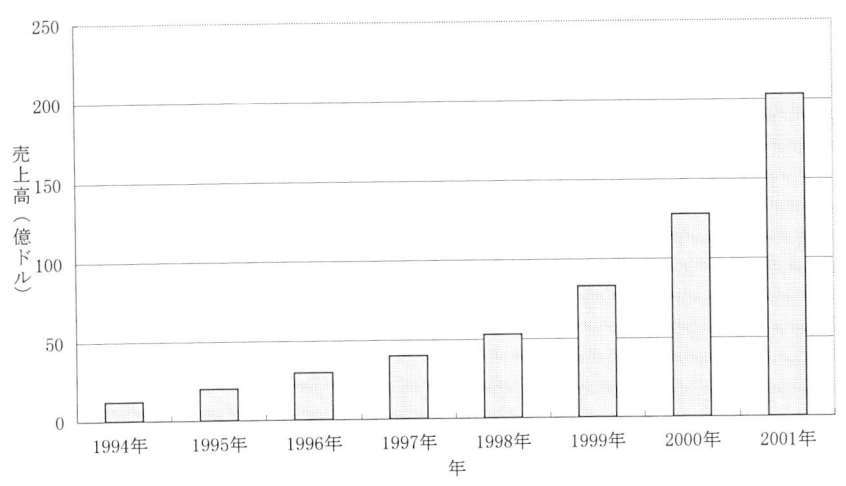

出所：稲垣公夫『EMS戦略』ダイヤモンド社

図6-7　ソレクトロン売上高推移

る米国景気後退がみられる．その影響は図6-7にはまだ反映されていない．米国景気後退で，世界的に経済不況が広がると，EMS企業の成長神話もいつまで続くか保証のかぎりでない．

6.3 M＆A戦略事例研究

　M＆A戦略の成功要因を分析するには，M＆A戦略によって世界で最も成功したシスコシステムズを事例研究するのが妥当である．シスコシステムズはEMS企業のM＆A戦略のモデルとなった面がある．なお，ソレクトロンのM＆A戦略については第3章の3.3.6項を参照されたい．

6.3.1　M＆A戦略成功企業：　シスコシステムズ

　ソレクトロンなどEMS企業大手の奇跡の高成長はM＆A戦略によるところが大である．EMS企業はインターネットブームで多大な恩恵を受けたのは事実である．しかしインターネットブームでもっとも恩恵を受けた企業の代表がシスコシステムズである．シスコはEMS企業にとって最大の顧客企業でもある(山本尚利，2000；ワンソース・ドットコム；シスコシステムズウェブサイト)．

　この意味でEMS企業とシスコはもちつもたれつの関係にある．見方を変えると，シスコがEMS市場を成長させたといえる．シスコは2000年12月末での株式資本市場価値が2,753億ドルである．なんと30兆円を超える．

　シスコはIBMやHPなどの伝統的IT企業と違って，1984年に創業された新興大企業であるからこれまでの大企業とは一味違った戦略をとっている．シスコ戦略の最大の特徴はまさにM＆A戦略である．豊富な株式資本を梃子(レバレージ)にして急成長する最善の手段がM＆A戦略である．

　またシスコはA＆Dコンセプトを提唱している．A＆DとはAcquisition & Developmentである．これは技術系企業の競争力の源泉，研究開発，R＆D (Research & Development)のコンセプトを根底から覆すものである．

第6章　EMS企業のM＆A戦略

シスコのいうA＆Dとは，R＆DとM＆Aを合体させるものである．ネットワーク技術，ネットワークソフトウェア技術の進展は速いので，技術革新のスピードについていくためにはハイテクベンチャー投資と成功ベンチャーの買収が最も手っ取り早い．

ネットワーク機器市場は目まぐるしく変化するので，近未来の技術予測は非常に困難である．そこで，シスコは複数のベンチャーへの投資による技術開発を行なっている．ベンチャー間技術競争により，勝ち残った有望ベンチャーを買収することによって有望技術獲得を果たすのである．スピード時代に即した非常に効率的な技術投資手法である．

図6-8にネットワーク通信機器事業有力企業の株式資本市場価値の変化を示す．

シスコは市場価値で測るかぎり世界の伝統的通信機器メーカーを追い越して，世界一のネットワーク通信機器メーカーにのし上がった．シスコの株式資本市

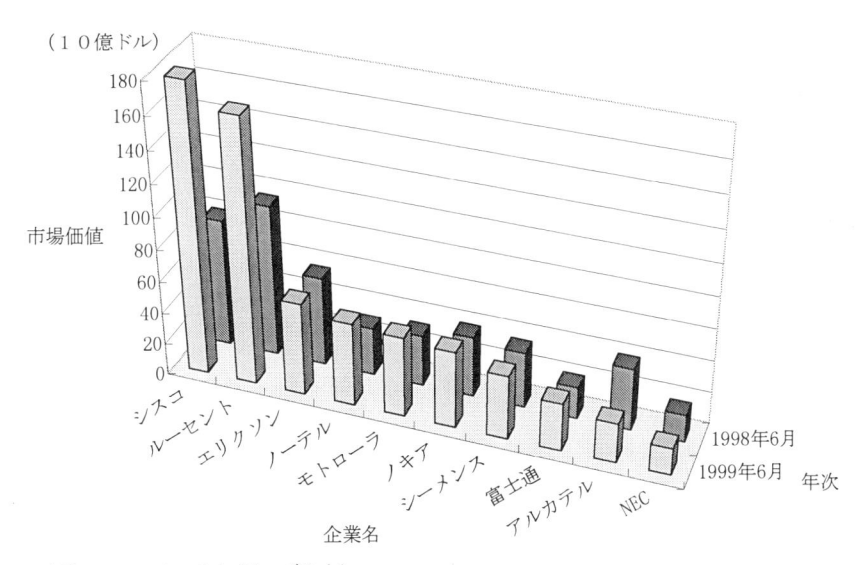

出所：シスコシステムズウェブサイト

図6-8　株式資本市場価値

場価値はインターネットブームに便乗して過大評価されているきらいもあるが,この豊富な資本を活用するにはM＆A戦略が最適である.

6.3.2　M＆A戦略企業シスコシステムズの成功要因

（1）　シスコシステムズの企業データシート

アドレス：www.cisco.com/
住　　所：170 West Tasman Dr., San Jose, CA 95134
電　　話：408-526-4000
売　　上：189億2,800万ドル(2000年7月)
従 業 員：34,000人
業　　種：コンピュータネットワーク機器メーカー

（2）　シスコシステムズの事業内容

シスコシステムズはサンフランシスコ・ベイエリアに立地する企業という由来から，その名をシスコとした．ネットワークソリューションの企業で，インターネット時代を先取りしたことで大成長をとげたベンチャーである．

シスコはインターネットのインフラを構成する機器メーカーであり，ブリッジ，ルーター，トークンリングスイッチ，ATM(非同期転送モード)スイッチ，高速パケットスイッチングシステム，通信サーバー，ルーター関連ソフトなどを販売している．これらの製品はATM，LAN，WANを相互に接続するのに使われるほかに，IBMのシステムネットワークアーキテクチャー，SNAにおいて，ホストターミナルとリモートターミナルを接続するのに使われている．

シスコのネットワーク用スイッチ類は，音声，画像，データを統合する数ギガバイトの業務用機器にも使われている．例えば，ネットフローフィーチャーケアという製品は通信トラフィックを認識し，階層化し，優先順位づけを行なう．これらの製品は政府，大学，金融機関，石油ガス，電力，通信企業などの

産業用に使われる．

(3) シスコシステムズの企業歴史

　シスコシステムズは，1984年，スタンフォード大学のレオナルド・ボサックとサンドラ・ラーナー夫妻と3人の同僚が創業した．

　ボサックが最初に開発した機器はスタンフォード大学の彼のコンピュータラボとビジネススクールで研究中の妻サンドラのコンピュータを接続する装置であった．この装置はネットワーク機器として絶対売れると確信した夫妻は，自宅を抵当にいれてお金を借りて，中古のメインフレームコンピュータを購入した．そして，コンピュータを自宅ガレージに置き，給料後払いで，ボランティアの友人や親戚の協力で，その装置の商品化を行なった．そして，1986年，夫妻はネットワークルーターの1号機の販売に成功した．

　最初，ボサック夫妻は大学，航空宇宙企業（ロッキードなど），政府などを販売ターゲットに置いた．そのとき，彼らはインターネットの前身のアーパネットを利用して宣伝した．ボサック夫妻はアーパネットを利用するユーザーに必ず役立つと信じていた．

　1988年，シスコは顧客ターゲットを一般大企業に広げた．そのため，シリコンバレー有数のベンチャーキャピタル，セコイア・キャピタルのドナルド・バレンチノの支援を受けた．バレンチノは自身がシスコの株を取得して，会長に就任し，CEOとして，ラップトップコンピュータメーカーのグリッド・システムのジョン・モーグリッジをリクルートしてきた．

　セコイアのてこ入れで，1987年には150万ドルの売上だったものがわずか2年後の1989年には2,800万ドルに増えた．1990年には公開企業となったが，モーグリッジは創業者のボサックと対立し，ボサックを解雇してしまった．その時，ボサック夫妻はシスコの持ち株をなんと2億ドルで売却した．

　ボサック夫妻はこのキャピタルゲインの大半を寄付してしまった．寄付の先は，夫妻のこよなく愛する動物の愛護団体や宇宙生物を研究するハーバード大学の研究者などであった．

（4） シスコシステムズの企業戦略

1991年までに，シスコシステムズの売上は1億8,300万ドルに増えた．しかしながら，シスコはIBMやDEC（現コンパック）などのコンピュータ大手との競争に曝された．

そこでシスコは大手と対抗すべく，買収戦略をとった．まず，1993年，同業のクレセンドウ・コミュニケーションを買収した．1994年，イサネット・スイッチメーカーのカルパナを買収した．1995年，ライトストリームを買収して急成長中のATMスイッチングの市場を獲得した．1996年，同じく，ATM関連製品メーカーのストレイタコムを買収した．1997年には通信機器大手のアルカテルと提携した．同年，先端的インターネット機器メーカーのアーデント・コミュニケーション，ネットワークセキュリティ製品メーカーのグローバル・インターネット・ソフトウェア・グループを買収した．

1998年，ハイテクベンチャーの，画像伝送ソフト開発のプレセプト・ソフトウェアや，ネットワーク・セット・トップボックスやケーブルモデムソフト開発のアメリカン・インターネット・コーポなどを買収した．同年，デル・コンピュータや電話会社のUSウエストなどと提携して，米国西部地域の顧客にシスコの超高速モデムを使う，高速インターネットサービスを開始した．

1998年にはシスコの株式時価総額が1,000億ドルの大台を突破した．1999年には統合的ディジタルループキャリアのメーカーのフィベックス・システムと，先端的ATM製品メーカーのセンチエント・ネットワークを買収することで合意している．また，コーポレート テレフォン システムのコール ルーティング ソフトウェアの企業，ジオテル・コミュニケーションを20億ドルで買収することを計画している．

（5） シスコシステムズの成功要因

シスコシステムズはメーカー系ベンチャーの代表的成功事例である．創業の歴史は，伝統的ガレージ企業である．1990年に公開され，10年未満で，1兆円

規模の大企業に成長した．まさにインターネット時代とともに成長する新興企業の代表といえる．その意味で，シスコは追い風に乗った幸運な企業である．

シスコの製品は，大手コンピュータメーカーや大手通信機器メーカーと競合するにもかかわらず，ベンチャーから急成長して，大手と互角の競争力をつけた成功の秘訣は，

① 大手競争相手をはるかに上回る敏速な意思決定
② 投資家に評価される戦略の実行とそれにともなう市場からの豊富な資本の獲得
③ 大胆な買収戦略による技術や資源の獲得

などであろう．

経営的に素人の創業者から，プロの経営者へのタイミングよい移行も，急成長にプラスに作用したと思われる．

世界規模でのインターネットのあまりの急速な普及に対し，大企業の対応が追いつかなかったことが，シスコのようなベンチャーに有利に作用した．しかしながら，あまりの急成長にシスコの1兆円企業としてのマネジメント体制が確立しているのかどうかは疑問である．

今後，インターネット関連機器はアジアやヨーロッパのメーカーが技術競争力やコスト競争力をつけて，シスコの市場に食い込んでくると思われる．シスコはそれらと差別化するため，常に，関連ベンチャー群を競争させ，そこから差別化技術を獲得しながら，よりハイエンドの機器でリードしていくことが求められる．日本のベンチャーもこの一群の一角で，競争することが期待される．

6.3.3　M＆A戦略企業マイクロンとEMS企業の比較研究

M＆A戦略に関してシリコンバレーでは，シスコシステムズと並んでマイクロンが成功企業事例として挙げられる．

半導体メモリー専業企業マイクロンはM＆A戦略で成功した新興企業であるが，ソレクトロンなどのEMS企業と戦略的類似性を有する(山本尚利，2000；

ワンソース・ドットコム；マイクロンウェブサイト）．

　EMS企業のビジネスモデルはIT機器製造の上流工程にシスコシステムズ，HP，サン・マイクロシステムズなど高付加価値技術で勝負する強豪メーカーが存在することによって成立する．

　マイクロンは半導体メモリーに特化する戦略をとっているが，半導体ハイエンド製品で勝負するインテル，モトローラ，TI（テキサスインスツルメンツ）など，半導体汎用品事業から撤退した半導体強豪メーカーが存在することによってマイクロンの存在価値が生まれる．

　マイクロンはTIのメモリー事業を買収することによって事業規模を拡大している．EMS企業がIBMやノーテルなどEMS企業にとっての顧客企業の工場を買収することによって経営規模を拡大する戦略と類似性がある．

　TIは半導体専業企業であるが，メモリー事業をイタリア，シンガポール，日本（神戸製鋼との合弁事業）など世界各地に海外移転していた．TI本体はDSP（Digital Signal Processor）などハイエンド製品事業に特化する戦略をとってきた．

　マイクロンの戦略はTIのメモリー事業をすべて買収する戦略である．1998年マイクロンはTIのテキサスのメモリー工場，イタリア工場を買収した．シンガポールと日本の合弁企業におけるTI所有株の買収を決めた．マイクロンのTIメモリー事業買収金額は総額8億8,100万ドルにのぼった．一方，TIはマイクロンの買収戦略を支援するため，5億5,000万ドルの出資を行なっている．

　ちなみにモトローラも1999年テキサスやアジアの半導体汎用製品事業部門SCG（Semiconductor Components Group）を投資会社テキサス・パシフィックグループ（TPG）に16億ドルで売却した．この動きはTIのメモリー事業部門売却戦略に呼応したものとみられる．モトローラのSCG配下地域子会社群は売却された後，投資会社TPGを株主にして，それぞれ自立した独立企業として経営される．経営が軌道に乗れば，独立会社SCG各社の実質経営陣は投資会社TPGより株を買い戻す予定であると思われる．

　これらの米国半導体大手の戦略は「のれんわけ戦略」と命名できる．マイク

ロンはTIからメモリー事業を「のれんわけ」してもらったに等しい.

半導体事業の場合，価格競争に入った汎用製品やローエンド標準製品の製造は，技術コアコンピタンスが革新技術や高付加価値技術の勝負ではなく，いかに低コストで品質を維持するかという生産技術の競争となる．技術コアコンピタンスがより下流技術にシフトする．マイクロンや売却されたモトローラのSCGはこの下流の生産技術で勝負する戦略を選択している．この戦略はEMS企業の戦略と極めて近い．

TIはマイクロンにローエンド技術を移転するとともに，マイクロンの株主として配当利益を期待する．TIはメモリー事業に在籍していた有能人材のみピックアップしてハイエンドの戦略商品開発に振り向けることができる．

モトローラは売却したSCGの地域各社のうち，収益性の高い独立企業のみTPGから株を買い戻せばよい．

TIやモトローラなど米国有力半導体メーカーが分離した事業（悪く言えば棄てた事業）を買収する企業（マイクロンやTPG）が米国には存在する．米国産業界はまさに「棄てる神あれば拾う神がある．」

マイクロンやEMS企業が勝負するのは図6-9に示すような「生産技術開発プロセス」である．この技術体系は本来，日本製造業の強みであり，今も技術競争力の主要プロセスであることに変わりはない．

図6-9の生産技術開発プロセスは量産品，汎用品，標準品の生産には極めて重要な技術体系となる．すなわち品質対価格競争で勝負する製品開発におけるコアコンピタンスとなりうる．あらゆる製造業における技術競争力の中核要素と言って過言ではない．マイクロンはそのためにスティーブ・アップルトンという生産管理部出身の技術者をCEOに据えている．ちなみに，米国製造業において生産管理者がCEOに選ばれることは稀である．

一方，TIやモトローラは「生産技術開発プロセス」を決して軽視しているわけではないが，開発主導の高付加価値ハイエンド製品事業をコアコンピタンスにしている．したがって，画期的ハイエンド新製品の生産技術開発プロセスはそれなりに重視している．しかしながら，コストダウンのための生産技術開発

図6-9　生産技術開発プロセス

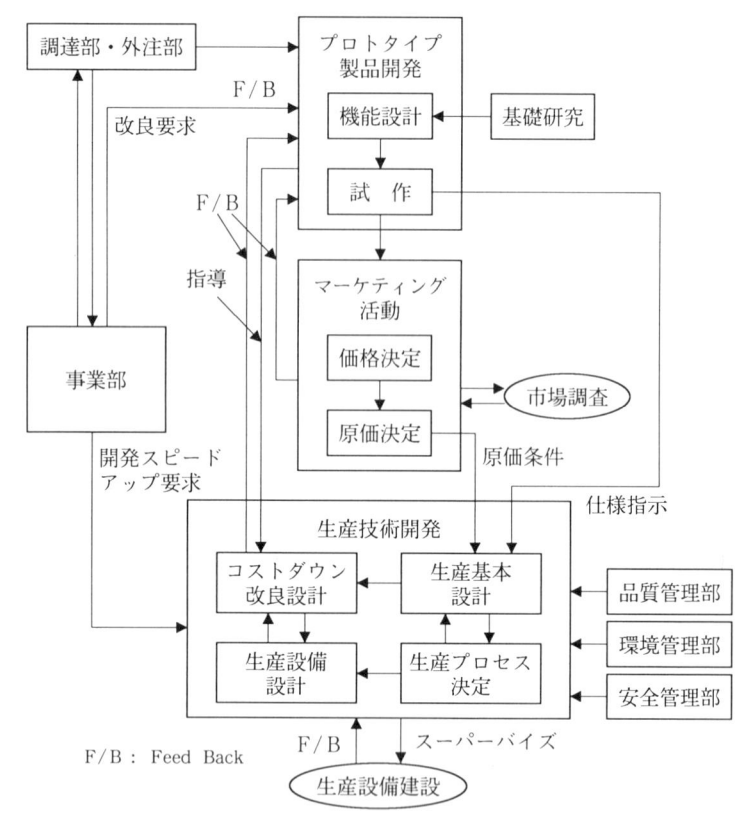

出所：山本尚利『技術投資評価法』日本能率協会マネジメントセンター

主導の汎用品はコアコンピタンスにしないということである．この背景には上流技術重視，下流技術準視（あえて軽視といわないが）の思想が垣間見られる．

　日本の製造業経営者は現場重視の技術者出身者が多いので，TIやモトローラのローエンド事業分離戦略や売却戦略に抵抗を覚えるであろう．分離される側の社員のメンタリティを考慮すると，他社への売却戦略は簡単に真似のできない戦略である．日米の企業文化の違いを無視した単なる「米国モノマネ戦略」は混乱を招くだけであろう．

ところでTIやモトローラの売却戦略は絶対的に正しいのであろうか．目先の利害でのみ判断する投資家や株主からは評価されるであろうが，社員に与える心理的影響を考慮すると，事業売却戦略は極めてハイリスクの戦略であるといえる．社員は所属企業の戦略の都合で翻弄される破目に陥る．

企業は人間集団で構成される有機体であるから，社員の忠誠心や帰属意識が危険水準まで低下すると，ソロバン勘定から外れる計算外の脆弱性が露呈して組織が崩壊する危険がある．製造業技術体系も上流工程と下流工程の有機的結合と合理的統合性が重要である．その観点から上流工程を重視して下流工程を軽視するのは完全な誤りである．

将来的にはマイクロンはかつての日本企業のように，次第に実力をつけて，TIやモトローラを脅かす可能性がある．

6.3.4 M＆A戦略企業マイクロンの成功要因

（1） マイクロン企業データシート

アドレス： www.micron.com/
住　　所： 8000 S. Federal Way, Boise, ID 83707
電　　話： 208-368-4000
売　　上： 73億3,630万ドル（2000年8月）
従 業 員： 18,800人
業　　種： 半導体製造業

（2） マイクロンの事業内容

マイクロンは半導体メモリーの専業メーカーである．4メガ，16メガ，64メガのDRAM，1メガSRAM，ワイドDRAM，フラッシュメモリーカードなどを世界中に製造販売している．（DRAMとは動的ランダムアクセスメモリー，SRAMとは静的ランダムアクセスメモリーである．）

マイクロンはマイクロン・エレクトロニクス(MEI)という子会社を保有している．MEIはパソコンやサーバーを生産している．

（3）マイクロンの企業歴史

マイクロンは1978年に創業され，ベンチャーからスタートした．ジョー・パーキンソンと，ワード・パーキンソンの双子の兄弟と，ダッグ・ピットマンの3人によって創業された．

当初は半導体のデザインコンサルティングからスタートした．1980年，数人の個人投資家の出資で，メモリーのメーカーとなった．1982年，DRAMの生産を始めた．そして，1984年には公開企業となった．その頃，日本のメーカーがメモリーチップで米国市場に参入し始めた．インテル，TI(テキサスインスツルメンツ)，モトローラなどはメモリーでは日本メーカーとの競争に敗れた．

マイクロンは1986年，ITC(国際貿易委員会)に反ダンピング提訴を行なった．日米の合意で，価格ダンピングがとまり，マイクロンは収益を確保できた．そして，SRAMなどに手を広げるとともに，1989年，三洋電機を日本市場の販売代理企業に指名した．1992年，韓国のメーカーのダンピング攻勢にも法廷闘争で勝ち，マイクロンは米国でのメモリー市場のシェアを確立した．

マイクロンは勢いに乗って，1995年ゼオスを買収してパソコンの生産にも参入した．これは半導体の好不況サイクルの激しさが経営に与える影響を緩和するため，安定収益源としても事業確立を目的とした．現在，マイクロン・エレクトロニクスという子会社となっている．しかし，マイクロンの競争力は，パソコンではなくインテルのMPU(マイクロプロセッサー)に接続できるメモリー製品であった．

マイクロンへの出資者のひとり，シンプロットは創業者のジョー・パーキンソンと対立し，1983年，マイクロンに生産管理担当として入社したスティーブ・アップルトンをCEOに昇格させた．アップルトンはマイクロンの製品をハイエンド化するため，製品レンジの見直しを行ない，ローエンドを棄て，1998年，TIのメモリー事業を買収した．

第6章　EMS企業のM＆A戦略　　　　　　　　　**217**

　ちなみにマイクロンは日本において神戸製鋼がTIと合弁で設立した半導体製造企業，KTIをも継承し，KMTと改名して神戸製鋼とともに日本での企業経営に参加した．なお，神戸製鋼は事業戦略見直しによりKMTをマイクロンに2001年3月末，135億円で売却すると発表した．神戸製鋼は半導体事業を神戸製鋼のコアコンピタンスから外れる事業と認定したためである．これによってマイクロンは幸運にも日本に生産拠点(兵庫県西脇市)を保有することができた．

（4）　マイクロンの企業戦略

　マイクロンの戦略は，米国半導体大手が一度は棄てたメモリーにあえて特化することであった．米国半導体メーカーがDRAMから撤退するなかで，マイクロンのみがアジアのライバルに伍して，DRAMを中心とするメモリーチップ一本で激しく競争している．マイクロンのDRAM売上比率は1998年の42％から，1999年の64％，2000年の80％へと飛躍的にDRAM比率を高めている．2000年現在の主力は64メガDRAMである．

　DRAM市場はIT革命によって多様化する傾向がある．高速の同期DRAM(SDRAM)は64メガから128メガへと大容量化している．ダイレクトランバスDRAM，ダブルデータレート(DDR)DRAMなどの高周波帯域DRAMが伸びている．これらは高性能パソコンやサーバーに使用される．

　マイクロンのライバルは独シーメンスの保有するインフィニオン・テクノロジーズ，韓国の現代電子，三星，日本のNECなどの非米国企業である．

　米国ならびに世界の半導体メモリー市場は巨大(2000年15兆円)であるが，これに指をくわえて，アジアメーカーにさらわれることをなんとか食い止める役割をマイクロンが果たした．連邦政府もITCも米国の国益を守るため，マイクロンを，反ダンピング法を武器に応援した．マイクロンがこうしてメモリー市場で生き残れたのは政治的意図によるところ大である．

　マイクロンはインテルとの共存共栄の関係を保つことに全力を尽くした．AMDやナショナル・セミコンダクターと異なり，インテルのクローンチップメーカーとなることをせず，独自の道を選んだ．そして，この差別化戦略は成功した．

ウィンドウズマシンの普及で,インテルのチップを使うパソコンメーカーがインテルチップとの親和性の高いマイクロンのメモリーチップを購入してくれた.

マイクロンは,一時フラットパネル事業にも手を出したが,これをピックステックに売却,その代わり,三星のメモリー事業の買収を画策するなど,マイクロンは再び,メモリーを強化しようとしている.ちなみにマイクロンの株はTIが16%,インテルが6%保有しており,マイクロンはTIとインテルが合弁で作ったメモリー専業子会社のような機能を果たすようになった.

米国は外に開かれた自由競争社会であるが,半導体は国家技術戦略上重要である.そこで,メモリーチップは価格競争に曝されるとしても,アジアにその技術主導権をとられることは国家戦略上好ましくない.マイクロンを米国に残すことは,米国連邦政府も,米国半導体大手にとってもメモリー技術を守る上で,必要なのである.

マイクロンはアジア,欧州勢の激しい追撃で,さすがにメモリーチップのみで今後も長期間生き残るのは困難と判断した.そこで最近では子会社MEIを通じてパソコンなどを生産し,マイクロンのパソコン事業部を通じて販売している.

パソコン販売は極めて競争が厳しいため,マイクロンは差別化を図る意味で,サブスクリプションコンピューティングというパソコンに係わる包括的サービスも始めている.このサービスの会員になると,パソコンの改造,買い替え,ソフト購入,修理,インターネット使用料,オンラインショッピングの請求すべて,月ごとにまとめて面倒をみてもらえるというものである.会員にとってはコンピュータ関連経費の一括管理が可能となる.

しかしながら,マイクロンは半導体メーカーなので,パソコン生産事業やパソコン関連サービス事業が成功するかどうかは疑問である.

(5) マイクロンの成功要因

マイクロンは,米国の半導体業界のハイエンド特化への大きい流れに待った

をかけ，足元のメモリー技術の重要性を改めて見直しさせた．ベンチャー精神とは，このように大勢に流されず，常に，逆転の発想に徹することである．インテルは，メモリー事業で，日本勢に敗北した無念さを忘れず，マイクロンに投資することで，米国におけるメモリー事業の砦を守ろうとしているように思われる．

　米国の普通の常識人は，米国半導体業界はハイエンドでリードし，ローエンドはアジア勢にまかせておけばよいと考えるであろうが，メモリーは半導体の基本であり，ここに特化すること自体が差別化になると，マイクロンは考えた．典型的なコアコンピタンス戦略（中核企業に経営資源を集中させる）である．この考えは間違っていなかった．

　IT時代の到来により，コンピュータ能力の向上要求が高まり，DRAMを中心にメモリー製品の多様化が進んだことも，マイクロンにとっては追い風となった．一時，アジアメーカーの過剰なまでの価格攻勢に，米国メーカーの勝ち目はないかのような錯覚に襲われる時期もあった．

　米国内で，メモリーを生産してもコストが合わないと，米国半導体メーカーで，メモリー事業を持っている企業はこぞって，アジアに工場を建設した．その頃，マイクロンは，その常識に逆らって，敢えて米国にとどまり，ひたすらコストダウンを図り，見事にアジア勢に打ち勝った．

　逆境で，常識破りのチャレンジをするマイクロンのような企業が，規模の大小を問わず，真のベンチャーといえる．この意味でマイクロンは逆境に強い企業とみなせる．21世紀においても半導体メモリー技術は米国の国益にかかわる戦略技術ともみなせるので，マイクロンはたとえ苦境に陥っても，国策的に救済される可能性が高い．マイクロンは米国連邦政府の国益優先政策を巧みに利用する戦略をとってきたといえる．

　しかしながら，DRAM一本に偏る事業ポートフォリオの不安定さはマイクロン経営者の脳裏から離れないとみえる．そこで，パソコン中心のサービス事業に参入したのであろうが，マイクロンの企業カルチャーとかけ離れているので，この事業をセカンドコアに成長させることは極めて困難であろう．

マイクロンは米国における他の大手半導体メーカーのように，急成長するインターネットや通信関連デバイスやマイクロプロセッサー分野において競争力が確保できないのは大変なハンディキャップである．

半導体メモリー市場における21世紀はアジアにおける競合企業との競争が一層熾烈となろうが，マイクロンは米国最後のメモリー技術の砦として国策的につぶされることはないと言えるだろう．

参考文献

山本尚利『米国ベンチャー成功事例集』アーバンプロデュース，2000年．

URL

ワンソース：http://www.onesource.com/
シスコシステムズ：http://www.cisco.com/
マイクロン：http://www.micron.com/

第7章

EMSの品質管理戦略

山崎康夫

7.1 EMSの品質管理戦略

　EMS企業は,企画や設計を行なうメーカーと違い,コスト,品質,納期が競争力の源泉となる.つまり,品質および生産性向上の可否がEMS企業にとっての業績につながるのである.ここでの品質管理戦略とは,広義を意味するもので,品質だけではなく生産性や納期を含め改善していくことを示している.実際,品質が良くなれば生産性も向上するという相関がある.

　成長するEMS企業にとって,品質管理の基本となるTQMやISO 9000は,従来企業と同じく必要な要件である.しかしEMS企業としては,その戦略的特徴を生かして品質管理戦略を構築しなおすことが求められている.なぜならTQMやISO 9000では,EMS企業としての特徴を十分生かせないからである.

　EMS企業としての特徴は,多数の顧客メーカーから同種の製品を請け負うことであり,標準化というカスタマイズ戦略により,効果的に強みを生かすことができる.また最近のEMS企業は,SCM戦略により生産設計まで請け負っていることが多く,顧客メーカーの基本設計段階から参画するコンカレントエンジニアリング手法を実施することにより,リードタイムの短縮が可能となっている.

　このカスタマイズとコンカレントこそが,EMSで現出した新たな品質管理のパラダイムということができる.ここでは,EMS企業にとって,品質管理の基本となるTQMやISO 9000はもとより,新たな品質管理ソリューションとして,

カスタマイズとコンカレントについて述べていく．

7.1.1 EMS企業の品質管理ソリューション

　EMS企業の品質管理ソリューションとしては2つの軸が考えられる．1つ目は，ボトムアップとトップダウンの軸である．前者はデミング賞やマルコム・ボルドリッジ賞に代表されるTQMであり，後者はグローバルに普及しているISO 9000品質マネジメントシステムのことである．2つ目は，生産性向上やリードタイム短縮の軸である．これには商品のカスタマイズやコンカレントエンジニアリング手法をあげることができる．これはEMS企業の特性を生かした戦略と位置づけられ，品質や生産性の向上が実現する．

　メガEMS企業であるソレクトロン社は，「日本に負けない最高の品質，最高の生産性を誇る工場を作ろう」を合言葉に，松下電器など日本の先進工場からTQMと呼ばれる品質管理を学び，工場改革を進めてきた．その結果，1991年と1997年の2回，マルコム・ボルドリッジ賞を受賞している．同賞を2回受賞した企業は，いまだに同社だけである．

　ソレクトロン社は1987年に初めて同賞に応募してから，4年後の1991年に初受賞している．この賞を糧に，工場の品質管理を中心とした改善活動を進めてきたのである．これは，ニシムラ会長の意志によることが大きい．また，他のEMS企業も品質管理を重要に考え，TQMによるボトムアップの改善活動に積極的に取り組んでいる．

　ボトムアップのTQMに対峙するのがトップダウンのISO 9000品質マネジメントシステムである．品質管理としての世界標準は，今やISO 9000品質マネジメントシステムといっても過言ではないであろう．EMS企業としても，工場での品質管理標準化を推進していく上でISO 9000を認証取得するケースが増えている．

　EMS企業として品質や生産性の向上，特にリードタイム短縮やコストダウンを推進していく上で，標準化を行ない顧客メーカーごとに製品をカスタマイズ

することがキーポイントとなる．もともとEMS企業は，基板製作，電子機器組立などきわめて類似した製品を，多様な顧客から請け負うという特徴があった．これを生かすことが，EMS企業にとっての強みとなる．その手段は，標準化によるカスタマイズであり，メガEMS企業は，徹底してこれに力を入れることで，リードタイムの短縮やコストダウンを図り，成長してきた．

カスタマイズと同じくリードタイム短縮を図るのに効果的な手法がコンカレントエンジニアリングである．コンカレントエンジニアリングとは，製品開発についての各種工程を同時並行的(コンカレント)に行なう技法であり，狙いはニーズに合致した製品を早く市場に投入し，高い利益率を確保することである．

製造業ではCAD，CAM，CAEシステムが使われているが，各部門で閉じたシステムの利用のため，あくまで各部門内でしかシステム化の効果が得られなかった．各部門が作業をできる限り並行的に行なうことで，上流工程での設計上の問題点を事前に防ぎ，結果的に製品開発から生産完了までの時間を短縮できるのである．

EMS企業にとって，開発，設計，製造，販売などの各プロセス間において情報の共有化を推進することがポイントとなる．特に製造サイドが，顧客メーカーの担当する基本設計段階から参画し，生産上の問題点についての検討を行なうことにより，トータルのリードタイム短縮が可能となる．特に最近のEMS企業は生産設計から請け負っており，この生産設計をコンカレントエンジニアリングにより，早めに開始することがリードタイム短縮につながるのである．

7.1.2　米国EMS企業の日本的品質管理導入

米国は，1980年代前半の経済活動の大幅な落ち込みの原因分析と根幹的な対策の確立に国を挙げて取り組み，従来のマネジメントスタイルを大きく変える手法を確立した．これがマルコム・ボルドリッジ賞(国家経営品質賞)の誕生の背景である．

同賞は，顧客が満足する経営品質の改善をトップのリーダーシップの下で全

社的に，創造的かつ継続的に実施し，その実施度合いを客観的に評価し，改善領域を発見するという優れた経営システムを有する企業に対し，米国大統領が賞を与えるというものである．

この賞の根源には，デミング賞を参考にし，日本的経営の長所を分析し取り入れたといわれている．デミング賞は，第二次大戦後わが国の統計的品質管理の普及に努めた米国の統計学者である故W・E・デミング博士(1900～1993)の友情と業績を記念して日本科学技術連盟が創設し，1951年から実施している．

デミング博士が日本的品質管理の発展に極めて大きな役割を果たしてきた理由は，品質管理活動が外部から与えられた規準や規格に適合しているかどうかではなく，品質管理活動の新しい創造を重視してきたからである．方針管理，機能別管理，品質表，QC工程表，工程能力調査，初期流動管理などの手法は，デミング博士の考えを実践した企業の功績といえるものである．

デミング博士は，米国経済が危機的状況にあった1981年に *Out of the Crisis*(危機からの脱出)を出版した．日本人が日本の環境の中で，品質管理をいかに実践し，今日の繁栄を築いてきたかを説いたのである．また，1980年にはNBCテレビが，日本の競争力を強化したのはデミング博士だと放映した．それ以来，多くの経営者がデミング博士の経営哲学を学び，実践していった．それ以降，米国の企業は徹底した顧客志向と経営品質を基本とする経営革新の大運動を展開し，今日その成果は見るまでもなく明らかだ．

マルコム・ボルドリッジ賞やデミング賞の基本はTQM(Total Quality Management)であり，全社的品質管理および日本的品質管理という言葉で表わすことができる．すなわち，顧客の満足する品質を備えた品物やサービスを，適時に適切な価格で提供できるように，全社組織を効果的・効率的に運営し，事業目的を達成する体系的活動がTQMである．

TQM活動の直接的な効果としては，品質の安定・向上，生産性の向上，コストの低減，売上の拡大そして利益の向上があげられる．また間接的な効果としては，全員参加のQCと会社の体質改善，管理・改善意欲の向上と標準化の推進，管理システムと総合管理体制の確立をあげることができる．

TQMで問われる内容として,デミング博士は以下の項目を説いている.
1. リーダーとは,部下全員の信頼と尊敬を確立できる者で,模範となる言動を自ら示すことができる者を言う.
2. 生産性や高品質には社員全体の雇用の安定が土台である.
3. 従業員のモラルを高め経営政策の効果的遂行のためには,社長から一般従業員まで絶えず従業員教育,作業訓練を行なわなくてはいけない.
4. 管理者と従業員の間には仕事について頻繁に,しかも自由な相談ができる雰囲気と体制を作ること.
5. チームワークこそが高生産と高品質に不可欠である.

以上の考えを,米国企業の経営者が実施に移したため,今日の米国の繁栄につながった.むろんEMS企業においても,TQM活動を実施することにより,今日の成功を得ることができたのである.

7.1.3 EMS企業のグローバルクオリティ戦略

ISO 9000シリーズは1987年3月,ISO(国際標準化機構)によって制定された品質保証のための国際規格である.品質保証とは,「製品またはサービスが顧客の品質要求を満たしていることの妥当な信頼感を与えるために必要なすべての計画的および体系的活動」と定義されている.2000年12月には改定が実施され,顧客志向の改善,継続的改善およびプロセスアプローチなどの考え方が追加されるとともに,顧客要求事項および顧客満足が強調されている.

EMS企業に製造委託している顧客メーカーは,購入する製品の品質を確かなものにしようとする場合,自社での製品検査だけでは不十分と考える.そこで供給者であるEMS企業に対して製品の品質規格だけでなく,製造工程や品質管理体制までも含めて,必要な品質を作り出し,維持するための品質システムの構築を要求してきている.

ISO 9000シリーズは,このような顧客の立場から供給者に対して要求される「品質システム」が具備すべき必要事項をまとめて作成された国際規格で,次の

ような特徴をもっている.
① 企業の品質についての方針を定めている.
② 品質にかかわる各人の責任と権限を明確にしている.
③ 品質システムを品質マニュアルの形に文書化している.
④ 現場が間違いなく品質マニュアルどおりに実行していることを記録によって証明する.
⑤ 顧客の要求する品質を確保していることをいつでも開示できるようにしている.

このようにEMS企業は,ISO 9000品質マネジメントシステムを導入することにより,グローバルクオリティを実現している.ISO 9000の認証取得は,一定の品質管理能力を持つ証となり,顧客メーカーが安心してEMS企業に製造委託をまかすことができるのである.

7.1.4 EMS品質管理とプロセスモデル

ここでは,EMS企業における品質管理のプロセスモデルについて説明する(図7-1).このプロセスモデルは,品質管理システムにおける5つの主要なプロセスで構成されている.経営方針プロセス,生産準備プロセス,生産プロセス,改善プロセス,支援プロセスである.これらのプロセスはループを描いて,経営方針プロセスへと戻っている.これを継続的改善プロセスと言い換えることもできる.

まず経営方針プロセスでは,EMS企業における品質にかかわる方針を経営者が示し,それをもとに各部門が具体的な数値目標および実施計画を立て,実施に移ることから始まる.このプロセスにより,EMS企業にとっての品質管理の基礎が形づくられるのである.

生産準備プロセスは,受注したら,生産設計から部品の購入に至るまでのプロセスである.EMS企業としては,生産設計は顧客ユーザーと,購入は協力業者とのプロセスをいかに構築するかが重要となってくる.このプロセスは,情

第7章　EMSの品質管理戦略

★改善プロセス
- 顧客満足度測定
- クレーム管理
- 統計的品質管理
- 内部品質監査

★経営方針プロセス
品質方針 → 品質目標 → 実施計画

★支援プロセス
- 情報処理の構築
- 教育と訓練
- 作業環境の構築
- リソースの調達

顧客

★生産プロセス
製造 → 検査 → 出荷 → アフターサービス

★生産準備プロセス
受注 → 生産設計 → 購買

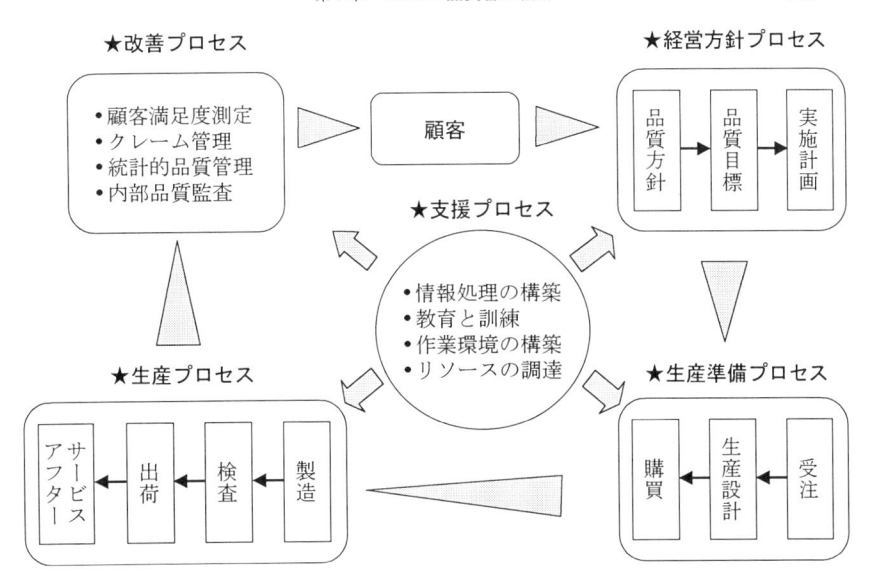

図7-1　EMSの品質管理プロセス

報提供，作業指示，情報共有などである．

　生産プロセスは，製造，検査，出荷，アフターサービスに至るまでのプロセスである．EMS企業としては単なるファブレス企業との違い，アフターサービスのプロセスが重要となる．すなわち顧客ユーザーにSCM構築のサービスを提供する必要があるからである．

　改善プロセスは，顧客満足度測定，クレーム管理，統計的品質管理，内部品質監査などのプロセスであり，品質管理活動として最も重要なプロセスである．EMS企業としては，常に顧客メーカーやエンドユーザーからのクレームや要望に対応するとともに，顧客満足度調査を行なうことにより，より効果のあるSCMを構築していくことが重要となる．

　この改善プロセスから経営方針プロセスにフィードバックすることにより，継続的改善が進むのである．また支援プロセスは，情報処理の構築，教育と訓練，作業環境の構築，リソースの調達などがあり，前述した4つのプロセスを実施していく上で重要な位置を占める．

EMS企業における品質管理上の重要プロセスとして，設計プロセスと生産プロセスをあげることができる．設計プロセスとしては，大きく基本設計プロセス，生産設計プロセス，設計評価プロセス，改善プロセスに分類することができる(図7-2)．EMS企業においては，基本設計プロセスは入口として重要な位置づけをもつ．

　すなわち，顧客メーカーの要望である納期短縮，低コストがこのプロセスでほぼ決まってしまうからである．具体的な手法としては，コンカレントエンジニアリングがあげられ，顧客メーカーが基本設計をする場合でも，その設計段階から参画し，生産設計や生産設備の面から見た要望を設計に入れ込むことにより，効率的な生産が可能となるのである．設計評価プロセス，改善プロセスを実施することも重要なことで，これにより継続的な改善を図ることができる．

　生産プロセスとしては，大きく生産準備プロセス，生産プロセス，検査・出荷・アフターサービスプロセス，改善プロセスに分類することができる(図7-3)．EMS企業においては，生産プロセスはいうまでもなく最も重要なプロセス

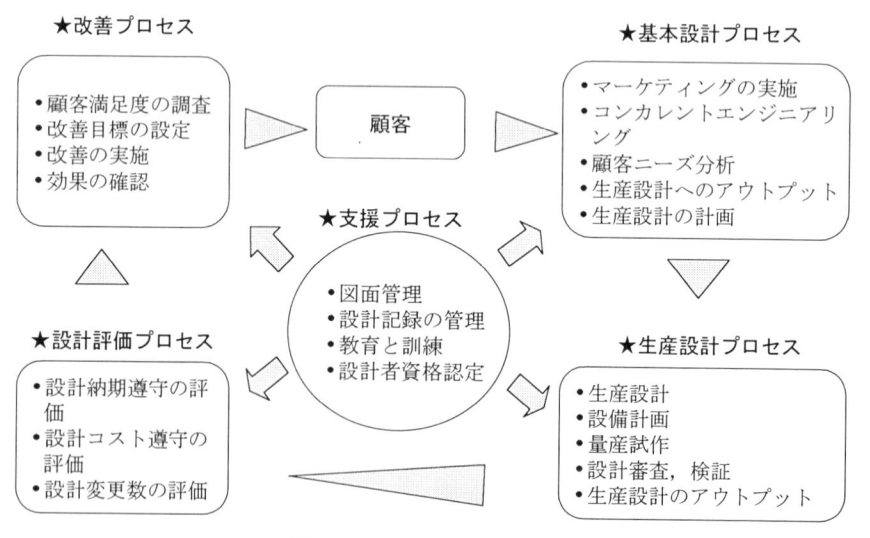

★改善プロセス
- 顧客満足度の調査
- 改善目標の設定
- 改善の実施
- 効果の確認

顧客

★基本設計プロセス
- マーケティングの実施
- コンカレントエンジニアリング
- 顧客ニーズ分析
- 生産設計へのアウトプット
- 生産設計の計画

★支援プロセス
- 図面管理
- 設計記録の管理
- 教育と訓練
- 設計者資格認定

★設計評価プロセス
- 設計納期遵守の評価
- 設計コスト遵守の評価
- 設計変更数の評価

★生産設計プロセス
- 生産設計
- 設備計画
- 量産試作
- 設計審査，検証
- 生産設計のアウトプット

図7-2　EMSの設計プロセス

第7章　EMSの品質管理戦略

★改善プロセス
- 顧客満足度の調査
- 改善目標の設定
- 改善の実施
- 効果の確認

顧客

★生産準備プロセス
- コンカレントエンジニアリング
- 設計のアウトプット
- 設備計画
- 部品発注
- 生産計画(月間，週間)

★支援プロセス
- 製造要領書管理
- 製造記録の管理
- 教育と訓練
- 検査者資格認定

★検査・出荷・アフターサービスプロセス
- 工程内検査の実施
- 最終検査の実施
- 出荷指示
- 顧客向けアフターサービス
- エンドユーザー向けアフターサービス

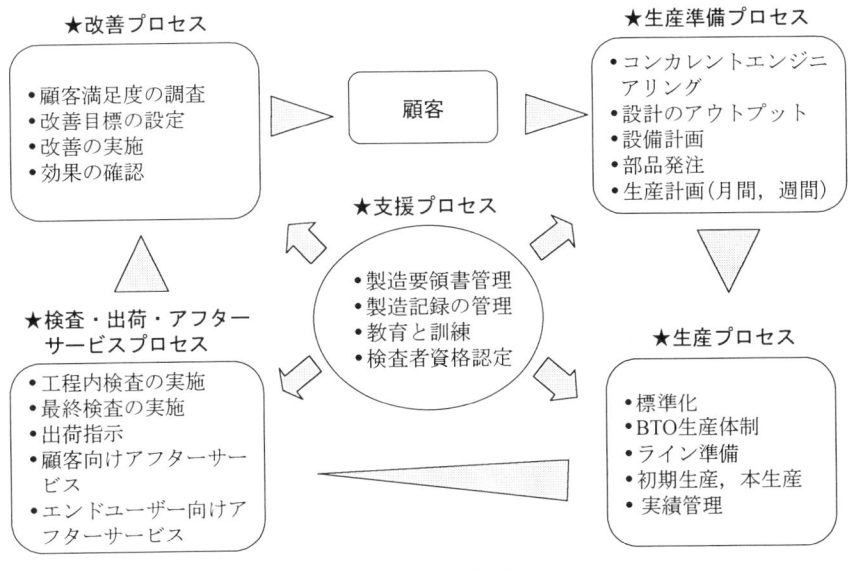

★生産プロセス
- 標準化
- BTO生産体制
- ライン準備
- 初期生産，本生産
- 実績管理

図7-3　EMSの生産プロセス

であり，この部分での継続的な改善が業績に直結してくる．特に，顧客メーカー向けアフターサービスとエンドユーザー向けアフターサービスは，SCM構築に重要な項目となる．また，改善プロセスを実行することが品質管理に重要な影響を及ぼしていることは言うまでもない．

7.2　生産性向上とリードタイム短縮

　EMS企業としての品質管理戦略とは，品質だけではなく生産性や納期を改善していくことは前述したとおりである．すなわち品質管理の終局的な目標を顧客満足度の向上と位置づけると，生産性向上によるコストダウンと製品在庫を抑えつつ納期短縮を行なうことは，EMS企業として必要な要件である．
　生産性向上としての基礎を形づくるのは5Sであり，EMS企業としての特徴を強みに生かしているのが標準化である．また，情報システムを使ったリードタイム短縮についても積極的に取り組んでいる．ここでは，EMS企業による生

産性向上とリードタイム短縮についての事例を述べることにより,品質管理戦略についての理解を深める.

7.2.1 5Sに取り組むEMS企業

EMS工場として,品質管理や生産性の向上を推進していく上で,基礎を培うのが5Sである.5Sとは,整理,整頓,清掃,清潔,躾のことで,5Sが進んでいないと,品質管理,生産性向上ともうまく機能しない.TQM活動を成功させるのも5Sが基礎となる.以下に,整理,整頓,清掃,清潔,躾について説明していく.

整理とは,いるものといらないものに区分して,いらないものを処分することであり5S活動の最初に行なわれる.処分のための基準を設定し,余分なものは持たないようにする.整頓とは,いるものを所定の場所にきちんと置くことであり,5Sの中で重要な位置づけを占める.作業性,安全性,わかりやすさなどを考慮して置き場所,置き方,表示方法を決めることがポイントとなる.

清掃とは,身の回りのものや職場の中をきれいに掃除することである.清掃分担を決め,短時間で,毎日3分,5分程度でこまめに効率よく実施することである.清潔とは,いつ誰が見ても,誰が使っても不快感を与えないようにきれいに保つことである.設備,床などはきれいに磨くようにすることはもとより,身だしなみを清潔にすることも大切である.

躾とは,職場のルールや規律を守ることである.経営者,管理者が自ら模範を示しルールを守り,部下に対する監督,教育指導,訓練を継続的に実施することである.決められた作業手順を守ること,規律を守ることにより,品質や生産性の向上が図られる.躾は,前述した整理,整頓,清掃,清潔が全従業員に行き渡ることで自然に熟成されてくる.

整理,整頓,清掃,清潔,躾の5Sができてこそ,初めて品質管理や生産性向上が達成できるのである.実際,ソレクトロンの工場は,顧客メーカーから1週間ごとに製品の品質,担当社員の対応,サービスの中身,サポート体制の善し

悪しをチェックされる仕組みになっている．そのために5Sを徹底的に実施，運用して対応している．

7.2.2　標準化による生産性向上

　EMS工場として，品質や生産性の向上を推進していく上で，標準化によるカスタマイズが効果的である．カスタマイズとは，完成までに至らない半製品を標準化しておき，顧客の要望により製品を組み立てることである．標準化には，製造の標準化であるカスタマイズの他に，設計の標準化，設備の標準化，情報システムの標準化，作業工程の標準化などがある．

　設計の標準化としては，CADの導入による標準部品・標準ユニットの活用があげられる．顧客メーカーとの設計データの共有化も重要なポイントとなる．設備の標準化としては，設備投資額を削減するために，特定の顧客だけの専用設備はできるだけ避け，汎用設備を検討することが必要となる．作業工程の標準化については，作業標準書を作成し作業者が安定した作業をすることにより，品質の向上を図ることができる．

　長野県箕輪町に「時間を売る」工場がある．コンピュータなどに組み込むプリント回路基板の試作品メーカーのキョウデンである．注文は外回りの営業マンが電子メールで伝達し，すぐに生産ライン横にある端末画面に表われる仕組みとなっている．急ぎの仕事には「ミラクル」の指示が出て，工程が複雑な4層基板でも納期はたった1.5日しかかからない．ライバルより早く製品を売り出そうと電機，自動車などの大企業が系列を飛び越え，基板の試作を委託している．いつの間にか世界の有力メーカー3,500社の注文が，長野の小さな工場に集中するようになった．

　本社工場に朝10時にインターネットで届いた図面データは，社内LANで30分以内にレーザープロッターのフィルム作成，NC（数値制御）機械の穴開け加工など各工程に送られる．各作業場では標準納期，マッハまたはミラクルを伝票で確認する仕組みになっている．工場は24時間稼働，1日に150種類の基板の

試作品をこなしている．このように超短納期の影には，設計の標準化，設備の標準化，情報システムの標準化，作業工程の標準化の実現がある．

7.2.3 リードタイム短縮を目指すEMS企業

EMS企業にとって，リードタイムの短縮は重要な競争力となる．EMS企業が主要顧客とインターネットを用いて，設計情報や生産情報を電子的に共有すれば，リードタイムは劇的に短縮される．これを実現するのがeコラボレーションであり，サーバーに設計図面，仕様書，部品表，購買仕様書などを蓄積しておくことにより，EMS企業が効果的に設計リードタイム，調達リードタイム，製造リードタイムを短縮することができる(図7-4)．

例えば，EMS企業が生産設計と製造を行ない，顧客であるメーカーが基本設計を行なう場合，設計情報を共有しておくことが効率化につながる．EMS企業

受注	設計	部品	仕掛り	部品	顧客
	設計リードタイム短縮	調達リードタイム短縮	製造リードタイム短縮		
・顧客とのeコラボレーション ・受注ルールの明確化 ・製品の標準化の顧客への説明 ・製品ニーズの吸い上げ ・SCMの提案	・設計のeコラボレーション ・コンカレントエンジニアリング ・設計の標準化 ・部品の標準化 ・CADの導入 ・標準ユニット設計	・部品メーカーとのeコラボレーション ・部品の一貫外注 ・ユニット在庫保持 ・早期発注 ・標準ユニット設計 ・図面の電子配信	・短納期品の内製化 ・BTOモデルの構築 ・工程の一貫外注 ・製造ラインの情報化 ・生産指示ルールの明確化 ・設備の標準化		

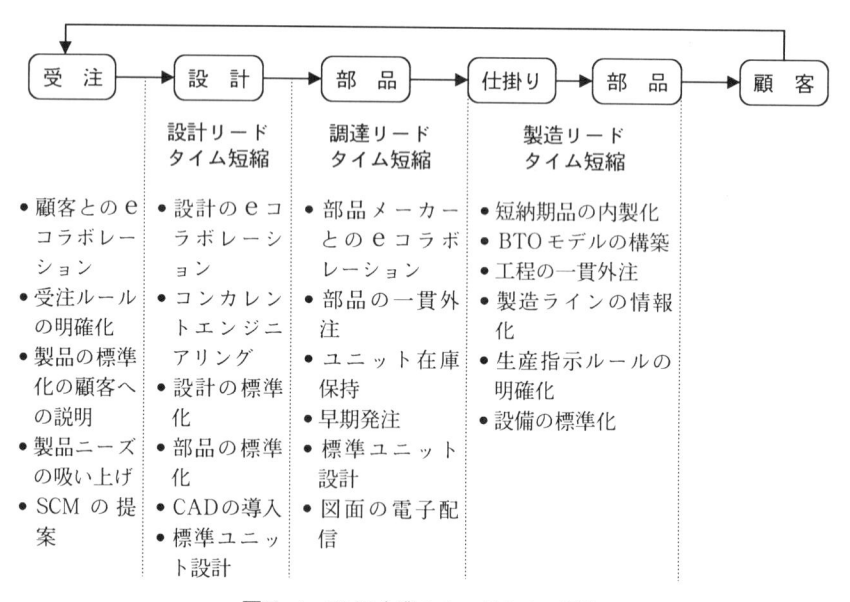

図7-4　EMS企業のリードタイム短縮

第7章 EMSの品質管理戦略　　　　　　　　　　　　　　　　　　233

として顧客に生産設計上の提案を迅速に行なうことも可能となる．

　技術開発部門の持つ技術情報や設計情報なども，コンテンツとして重要である．例えば，実験データを共有することにより実験の重複を避けることができる．技術者どうしの情報交換が活発になることによって，技術力の向上，刺激による活性化，技術の組合せによるアイデアの創出なども期待できる．

　開発，設計，製造，販売などの各プロセス間では，eコラボレーションにより，特定の企業と接続することにより，企業間の受発注が効率的になり，企業間でのコンカレントエンジニアリングが実現可能になる．

　日立製作所では，世界各地の開発拠点をイントラネットと電子メールによって結び，一つのプロジェクトを並行して進めるコンカレントエンジニアリングを実現している．開発拠点間での時差を利用して，24時間フルに開発を行なうことが狙いである．またここでは，製造ノウハウや検査ノウハウを設計ノウハ

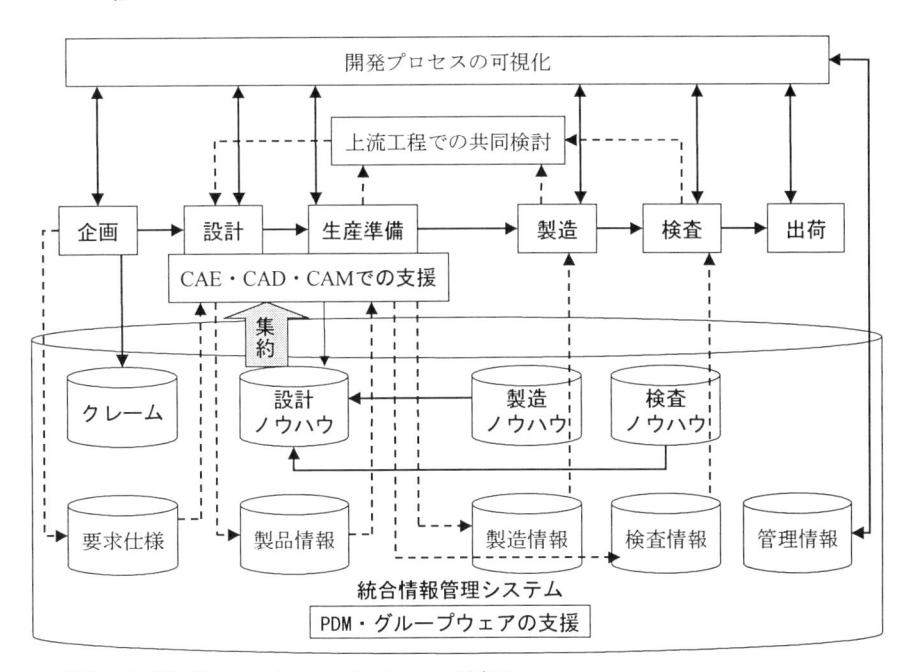

出所： 日立製作所 http://www.hitachi.co.jp/を加工

図7-5　コンカレントエンジニアリング

ウとしてCAE，CAD，CAMシステムに反映させ，そこから製品情報，製造情報，検査情報を提供し，情報共有するシステムを構築している（図7-5）．

7.3 EMS企業のワークショップ戦略

　ソレクトロン社などのメガEMS企業は，プログラムマネージャー方式を採用している．顧客メーカーごとに1人設けられ，顧客ごとの生産活動についての最高責任者がプログラムマネージャーである．主な活動としては，クレーム対応，価格設定，納期設定を始めとして顧客メーカーとのあらゆる交渉の窓口となる．このプログラムマネージャーは，EMS企業における独自のポストであり，顧客が限られているEMS企業では，成果によって報酬が決まるシステムになっている．

　このプログラムマネージャー方式を組織にまで適用したのが，ワークショップ（WS）制である．これは従来の横割り式である分業方式をやめ，受注―生産―品質保証―配送までを20～70人程度の小さな組織で一貫して請け負うという縦割り式の構想である．プログラムマネージャーは，この組織の長として全責任を持つ．生産方式としては，この組織にマッチしたセル生産方式を適用するところが多く見られる．

7.3.1 EMS企業のワークショップ制

　EMS企業として，品質や生産性の向上を達成する上で，生産形態との密接な結びつきを考慮する必要がある．生産ライン形態としては，従来から行なわれてきたものに，自動機を使った自動化ライン，人手を使ったコンベアライン，そして数人編成チームによるセルライン方式がある．

　生産品種が少ない場合は，間違いなく自動化ラインのほうがセルラインより生産効率が高くなる．しかし，顧客ニーズの多様化を反映した商品の多品種化・短ライフサイクル化により，時間当たりの生産量を追求する生産効率追求型か

ら，変化する品種・需要にフレキシブルに対応できる市場対応型にシフトしていく必要がでてきた．すなわち，市場に最も近いところで，そして顧客からのリアルタイムの情報が発生しているところで，迅速な意思決定を行ない，行動できるやり方・組織が必要になってきたのである．

EMS企業がまさにこれに対応する必要があり，プログラムマネージャー方式との相性もあり，ワークショップ制としてセルライン方式を採用する事例が多くなってきた．つまりセルライン方式にすることにより，従来のコンベアラインのような単工程ではなく，複数の工程をもつ多工程となるので，一人一人の能力が向上するだけではなく品質管理能力・品質意識が向上するメリットもある．

ワークショップ制では，生産現場の各ラインがあたかも一つの会社のように動くことになる．それは製造だけでなく，資材購買，生産管理，品質管理，出荷・配送，場合によっては経理などの間接業務をこなす自己完結型のグループにより，材料・部品から完成まで一貫して作り上げる生産方式となっている．この代表的なものとしては，KOAのワークショップ制，NECのラインカンパニー制などがあげられ，多くの製造業で実施あるいは導入の検討が進められている．

ワークショップ制では，各ラインは，多種類の業務をこなすことができる多能工により構成されるので，全体の繁閑のバランスを見ながら忙しいところを応援したり，仕事の合間に間接業務をこなしたりと臨機応変の対応ができる．そのため，専門スタッフを独立して置くよりも会社全体の人員が少なくてすみ労働生産性を高めることができる．

また各製品は，特定のワークショップにおいて生産が完結しているので，ワークショップごとの損益を把握することが容易である．ワークショップ制では，日々決算をしており，利益に対する意識が極めて高い．また，ワークショップ内で一貫生産しているので，品質に対する責任が明確になり，品質保証に対する意識も高まっている．

ワークショップ制では，多業務を遂行する多能力の人員による自己完結型グ

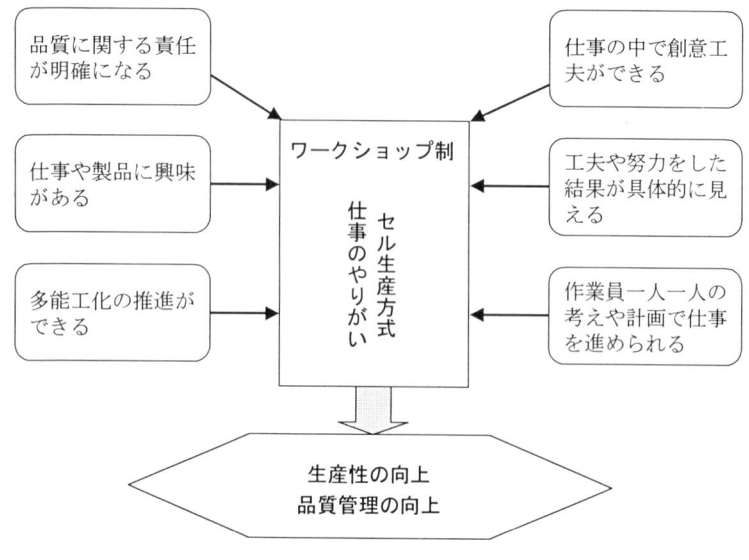

```
┌─────────────────┐                    ┌─────────────────┐
│ 品質に関する責任  │                    │ 仕事の中で創意工 │
│ が明確になる     │──┐              ┌──│ 夫ができる       │
└─────────────────┘  │              │  └─────────────────┘
                     ▼              ▼
┌─────────────────┐  ┌──────────────┐  ┌─────────────────┐
│ 仕事や製品に興味 │  │ ワークショップ制│  │ 工夫や努力をした │
│ がある          │─▶│ セ仕       │◀─│ 結果が具体的に見 │
└─────────────────┘  │ ル事       │  │ える             │
                     │ 生の       │  └─────────────────┘
┌─────────────────┐  │ 産や       │  ┌─────────────────┐
│ 多能工化の推進が │─▶│ 方り       │◀─│ 作業員一人一人の │
│ できる          │  │ 式が       │  │ 考えや計画で仕事 │
└─────────────────┘  │  い       │  │ を進められる     │
                     └──────┬───────┘  └─────────────────┘
                            ▼
                     ┌──────────────┐
                     │ 生産性の向上 │
                     │ 品質管理の向上│
                     └──────────────┘
```

図7-6　セル生産方式の利点

ループであるため，現場の一人一人が，お客様が見え，自分の役割が見えることになる．これにより，モノづくりの喜びにつながり，働きがいの向上に通じるのである（図7-6）．

7.3.2　KOAのワークショップ制

　KOAは，プリント回路基板に乗るリード線付抵抗器，チップ型抵抗器を生産している企業である．KOAでは，ワークショップ制という名称のセル生産方式を採用している．エレクトロニクスパーツメーカーであるKOAは，ユーザーニーズの個性化・多様化にともなう，多品種少量生産への移行に対応するために，1987年3月に経営改善活動KPS(KOA Profit System)を導入した．

　当初，KPS活動の目標として設定されたのは，次の3つである．棚卸資産(製品・半製品・原材料)を1/3まで減らすこと．生産リードタイム(製品指示から製品を納入するまでの時間)を1/4にまで短くすること．そして設備効率を2倍

に向上させること．この目標を達成するために，社内にKPS推進本部が発足し，社員の意識改革や啓蒙活動に着手したのである．

　製造部門・物流部門・間接業務部門において，あらゆる場面での改善が進められ，すべてのシステム，モノや情報の流れをシンプルにすることで，「ムダをなくす」ということに力が注がれた．KPS活動を続けていくうちに，KOAの生産システムは大きく様変わりしてきた．なかでも最も大きな変革となったのが，1993年から導入した「ワークショップ制」への移行である．これは従来の分業方式をやめ，受注－生産－品質保証－配送までを20～70人程度の小さな組織で一貫して請け負うという構想である．

　ワークショップ制では，WS長，ラインリーダー以下，設計，設備，品質管理の業務を担当する技術者がおり，各々のワークショップに係わる業務はワークショップ内で対応できる体制になっている．それ以外の人員は，多能化した製造作業従事者であり，ワークショップのおよそ80％を占めている．WS長は，受注情報に基づき生産計画を作成し必要な資材を発注し，ワークショップ全体の顧客との折衝，原価管理・品質管理・納期管理を行なうなどワークショップの最高責任者である．

　このようにKOAはワークショップ制により，顧客の顔が見える「モノづくり」を通じて，顧客との信頼関係を築いた．そしてEMS工場である製造部門は，つくる喜びと共にやりがいが出てくることにより，品質と生産性の向上が実現したのである．

7.4　ナカヨ通信機の品質管理戦略

　ナカヨ通信機は，1944(昭和19)年に株式会社中与通信機製作所として設立された．1971に電電公社に電子交換機器を初めて納入するなど，電話機総合メーカーとして発展してきた．現在，同社はIT化時代のなかにあって，IP(インターネットプロトコル)および移動体分野での通信端末機器の開発，製造，販売，サービス等の事業活動を行なっている．具体的には，ターミナルシステム部門とし

て，電話装置，音声メール装置，電話機，PHS端末，ファクシミリ，TA(ターミナルアダプタ)などを，ネットワークシステム部門として，広域ネットワーク用電話交換装置，構内電話交換機器，赤外線レーザー通信機器などを手掛けている．

製造部門の徹底したコストの削減，業務の効率化を推進する一方，新製品開発・製造からアフターサービスまでを手掛け，IPソリューション事業の展開によって，収益の確保を図っている．

7.4.1 EMS企業への挑戦

ナカヨ通信機は，従来から大手通信機器メーカーに対して，電話機，ファックス，ISDN端末等のOEMを行なってきた．しかし市場環境の激変に対応するため，製造部門の効率化をすべくEMSとしての事業に乗り出した．まず自社工場の余力を利用して外部の作業を受注する生産受託サービスの本格化を始めた．このため群馬県前橋製造部に「生産営業部」を設置，香港に現地法人「中興香港有限公司」を設立した．工場設備を有効利用して製造部門の独立採算を進めるとともにトータルの製造コストを削減して，製品のコスト競争力を強化するのが狙いである(図7-7)．

国内では自社工場のEMS化を進め，海外では中国のEMS企業を活用することで，トータルとしての製造部門の効率化を進めようという狙いである．ナカヨが設置した生産営業部は本社の営業本部から独立した組織で，受注から設計，生産，アフターサービスまで「工場完結型」のEMS企業を目指している．

数人の営業マンを配置し，工場の生産状況をみながら，仕事を受注し，季節変動による製造設備の稼働率の平準化と独立採算制を高めることを狙いとして，EMSを推進している．

顧客ニーズは，現行製品改良，回路設計以降，試作完了後の量産であり，その対応方法としては，中興香港有限公司からの安価部品調達，中国工場への委託生産，アフターサービス体制，設計，試作から量産までの一貫体制，短納期

第7章　EMSの品質管理戦略　　　　239

```
┌─────────────┐           ┌─────────────────────────────┐
│ 顧客ニーズ   │           │  EMS企業：ナカヨ通信機        │
│             │           │  ┌─────────────┐             │
│ 現行製品    │           │  │低コスト部品を採用│         │・安価部品調達
│ 改良        │           │  │した価格低減変更│           │・中国工場への委託生産
│             │  ⇔        │  └─────────────┘            │・アフターサービス体制
│ 回路設計    │           │  ┌─────────────┐            │・設計, 試作から量産まで
│ 以降        │           │  │ 生産設計    │            │  の一貫体制
│             │           │  │ 改良(VE)設計│            │・短納期体制
│ 試作完了後  │           │  └─────────────┘            │
│ の量産      │           │  ┌─────────────┐            │
│             │           │  │ 基板設計    │            │
│             │           │  └─────────────┘            │
│             │           │  ┌─────────────┐            │
│             │           │  │ 製造(量産)  │            │
│             │           │  └─────────────┘            │
└─────────────┘           └─────────────────────────────┘
                                         ▲
・ISO 9001認証取得              ⬖ 品質管理体制 ⬖
・デミング賞受賞
```

図7-7　ナカヨ通信機の挑戦

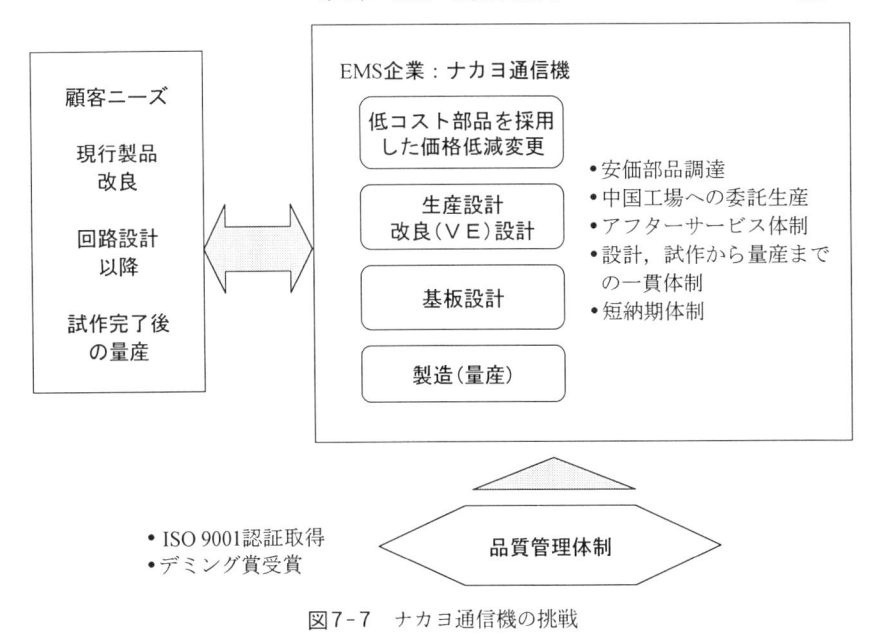

体制を挙げており，EMS企業としての基本要件を満たしている．

　EMS企業としての業務内容は，基板の設計・製作，金型（プレス，モールド）の設計・製作，製造（プレス，板金加工，塗装，モールド成形，基板実装），組立・検査，アフターサービスまでとなっている．

7.4.2　EMSの流れ

　ここでは，ナカヨ通信機におけるEMSの流れを説明する（図7-8）．まず，顧客との打合せが終わると，生産設計が開始される．同社は，ユーザー最優先の発想のもと，最新の開発生産システムを採用し，積極的な研究開発に取り組んでいる．設計・製造工程においては，コンピュータサポートシステムによるソフトウェア開発が行なわれ，CAD，CAMシステムが多彩に駆使されており，IC開発設計から自動化・省力化機器の製作まで，幅広く研究開発活動を行なっ

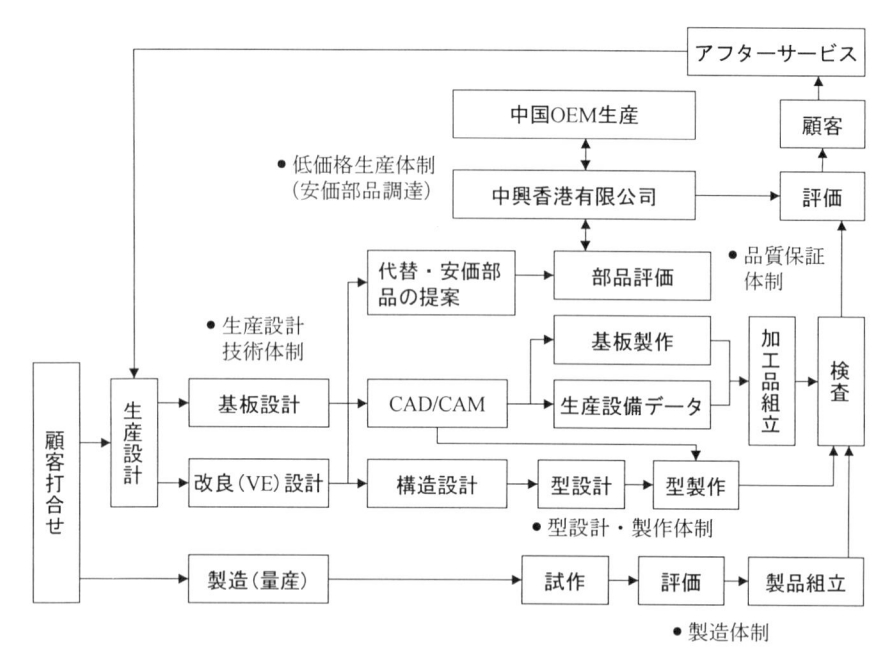

図7-8 EMSの流れ

ている．

　また，プレス金型，モールド金型なども自社で設計・製作している．設計が終わると，マウンターによる基板組立，プレス板金加工，モールド成形に移行され，最後に製品組立が行なわれる．これらの工程は外注に出すこともあるが，リードタイム短縮のため基本的には自社で全て賄えるようになっている．

　また中興香港有限公司には，部品調達から加工の委託までを行なっている．近隣諸国の部品メーカーや中国のEMS会社と組み，コスト競争力のある部品調達や製品を生産している．

　さらにエンドユーザーへのアフターサービスは，全国ネットの営業所および関連会社のナカヨ電子サービスによる現場検証体制を整えている．ナカヨ電子サービスは，ナカヨ通信機の情報通信機器の販売，施工，保守という直接顧客に対応する位置にあり，マルチメディア関連事業（LAN，WAN，CTI，SOHO

等)の展開を中心に，様々な業種，顧客ニーズにマッチした情報通信システムを提供している．

7.4.3 ナカヨ通信機の品質管理体制

通信機器は，単なるコミュニケーションの媒体ではなく，元来，社会的「公器」としての使命を帯びている．したがって，その品質には，パーフェクトとも呼べる正確性，信頼性，耐久性が求められる．

ナカヨ通信機は，創業以来，品質管理を重視し，1958年にはデミング賞実施賞中小企業賞を受賞している．また，原材料の選定から厳しい目を注ぎ，検査工程においては，CAT(コンピュータ支援による自動検査システム)をいち早く導入し，開発・設計から検査までの自動化を達成している．さらに，ISO 9001品質保証登録工場として，1995年4月に認定を受けている．

またEMS組織内に，CTIによる電話問合せサービスを設け，顧客のクレームや要望を取り入れている．これを設計・生産へフィードバックすることにより，品質を向上させている．さらに，TQC活動はもとより，ABC分析による職場単位での利益計算，部分的なセルライン方式を導入することにより，生産性向上に取り組んでいる．

このようにナカヨ通信機は，EMS企業として積極的に品質管理向上に取り組むことにより，顧客満足度を向上させている．また，中興香港有限公司の戦略的活用によるコストダウンにより，通信機市場でのシェア向上を目指している．

7.5 未来の品質管理戦略

EMS企業にとって，品質管理改善に取り組むことが，生き残りのキーポイントとなることは，前述したとおりである．この品質管理とは広義の意味で，品質はもとより，納期短縮やコストダウンなど顧客満足につながるものは全て対象となる．

EMS企業は，TQMを始めとする日本的品質管理や，欧米発のISO 9000品質マネジメントシステムを取り入れて急速な拡大を遂げている．また5Sやワークショップ制などに積極的に取り組んでおり効果を出している．

しかし，これからは一段とレベルの高い品質管理(広義)を導入していかないと，顧客の要望に応えられなくなるであろう．その切り札となるのはシックスシグマであり，この手法によりサプライチェーン全体としての品質管理における継続的改善にチャレンジしていくことが可能となる．ここではシックスシグマの内容やその効果性について触れるとともに，EMS企業にとっての必要性についても述べていく．

7.5.1　シックスシグマとは

シックスシグマとは，本来は6σ(シグマ)という分布のバラツキ度合い(標準偏差)を表わす統計学の用語で，事業経営の中で起こるエラーやミス，欠陥品の発生率を100万回に3.4回に抑える経営品質革新手法のことである．

EMS企業が生み出す製品のエラーやミスの発生率を100万回に3.4回という厳しいレベルに低下させるためには，生産現場の改善活動はもとより，マーケティングから研究開発，生産設計，物流，アフターサービスなどサプライチェーンとしての業務プロセスを改善していく必要がある．

従来のEMS企業は，前述したようにTQC活動により，生産現場の担当者が実際に起こった不良やエラーを現場サイドでの改善を図ることにより，経営へのボトムアップ効果を図ってきた．またISO 9000により，企業の品質についての方針を定め，高品質を実現するための品質システムを品質マニュアルの形に文書化し，現場はそのマニュアルどおりに実行し，問題があれば是正をかけるといういわゆるトップダウン的な品質管理の方式も導入してきた．

この一見相容れない，TQC活動とISO 9000の利点を統合し進化させたのがシックスシグマである．すなわちシックスシグマは，SCMの観点から，トップダウンでエラーやミスが発生するプロセスを改善していく活動である．このシ

ックスシグマにより，従来のTQC活動やISO 9000品質マネジメントシステムが再構築され生まれ変わることになる．

　シックスシグマは，1980年代後半，高品質で日本製品が世界市場を席巻していた時期に，米国企業がTQMをベースに，米国の政府・研究機関，コンサルタントなどが総力を挙げて開発したものである．日本と米国の品質の歴然とした差を埋めるために考え出されたのがシックスシグマである．すなわち米国は，当時の日本的品質管理をベンチマーキングしたのである．QCサークル活動などの全社的品質管理，ボトムアップ経営，稟議事項における根回しなどの日本が得意としてきたことを分析し，その結果，米国人気質に合った方法としてシックスシグマを再構築したのである．

　シックスシグマの基本ステップは，測定，分析，改善，改善成果維持の管理という4ステップで表わされる．この4ステップはデミングサイクルである「PDCA」[1]をベースにした経営手法である．すなわちこのプロセスを経て，継続的改善を指向することで，経営品質の向上を目指すのである．シックスシグマは，ブラックベルト(BB)と呼ばれるプロジェクトリーダーが中心となって行なわれる．

　最初のステップである「測定」では，プロジェクトリーダーがプロジェクト分野内のデータを徹底的に収集することから始められる．データの収集方法は，ISO 9000等で取られていた記録等が含まれるが，一般的には，それまでの活動では見過ごしていたものや，具体的に数値化したことのないようなものが対象となる．

　シックスシグマは，標準化を前提としたカスタマイズ戦略で効果を表わし，改善や改善成果維持の管理を行なうことから，進化する経営手法であるといわれている．EMS企業は，標準化を前提にしているので，シックスシグマが有効に機能する環境にある．事業環境変化のスピードが加速化している現状においては，EMS企業はシックスシグマを取り入れ，継続的改善を実現することにより，21世紀におけるリーダーとなりえる．

7.5.2 EMS企業によるシックスシグマ

　シックスシグマは，まだEMS企業にほとんど導入されてはいない．しかしEMS企業にとって，さらなる発展をしていくためには，TQM活動に加えてトップダウンで効果的に改善できるシックスシグマを導入すべきである．ボトムアップとトップダウンの融合が効果を倍増させることになる．

　シックスシグマの特徴の一つに，具体的なデータに基づいて議論するという考え方がある．ここが日本的経営と違うところで，論理的にものを考え，QC七つ道具[2]を用いデータ分析したうえで，議論することが特徴となる．例えば，COPQ(The Cost of Poor Quality)という指標がシックスシグマで用いられる．COPQとは，不良，エラー，欠陥などが多いために発生するコストの総称のことであり，目に見えるコストと，目に見えないコストの2つがある．トータルのコストは売上高の20～40％程度といわれている．

　このCOPQは，単に製造部門だけで数値を捕らえるのではなく，EMS企業全体，さらには顧客メーカーから販売メーカーにいたるサプライチェーンの上流から下流までの見えないコストを把握するのである．すなわち，EMS企業の製造部門が不良品を作るということは，顧客メーカーのマーケティング部門や設計部門に負の影響を与えることになる．また，SCMライン上の企業である物流部門，販売部門にも同じく負の影響を与える．EMS企業としては，サプライチェーン全体のCOPQを算出し，サプライチェーン全体としての品質管理改善，継続的改善，効果性の確認を行なうことが重要である．

　例えば，EMS企業の工場で不良品が発生したとする．工場内では，生産計画を立て直し，再生産をする必要がある．また部品，原材料を再発注して納期調整を行なうことになる．さらに顧客メーカーはもとより，SCMライン上の物流部門，販売部門にも迷惑をかけ，著しく信頼を失うことになる．

　このように不良品が，SCMの関係部門に影響を与え，COPQは増大の一途をたどることになる．したがってEMS企業は，シックスシグマを導入することにより，品質を劇的に向上させ，顧客満足度が結果的に向上し，売上が達成でき

るという，天使のサイクルを実現する必要がある．

　シックスシグマのもう一つの特徴のある考え方にCTQ(Critical To Quality)がある．CTQは，経営品質に決定的に影響を与える要因であり，顧客や市場の視点を重視し，顧客や市場の意見を吸い上げることで改革テーマを選定する．この顧客や市場の意見をシックスシグマでは，VOC(Voice of Customer)と呼んでいる．これは，しばしば顧客満足度調査という形で表わすことができる．

　顧客満足度調査は，いろいろな方法で測定することができる．顧客メーカーへの面談，一般ユーザーへのアンケート，苦情，返品および不良品情報などの集計，分析で行なわれる．顧客に焦点を当てたEMS企業は，常に顧客満足度を認識していなければならず，好ましくない結果や傾向に対して，修正処置や継続的に改善を進めることがCTQの基本となる．クレームといえない要望のようなものでも，満足度調査によって顧客メーカーやエンドユーザーの暗黙の要求を聴くことにより，顧客満足度が得られ，受注促進につながる．例えば，「もう少し納期が早くなれば……」とか「もう少しバラツキを抑えてくれれば……」などの，つい見過ごしやすい顧客の一言から改善につながるのである．

　シックスシグマを実施する際に，課題がいくつもあがるが，これをプロセスの相互関係の分析をすることにより問題を集約し，経営資源を集中して活動できるようにすることがポイントとなる．この問題設定は品質目標とも言われ，チャンピオンと呼ばれる工場長クラスが提示し，グリーンベルトと呼ばれる工場現場の全従業員がこの品質目標に一丸となって取り組んでいくことにより，改善効果が現われる．

　このようにシックスシグマは，チャンピオン，ブラックベルト，グリーンベルトの3者が一体となって活動することにより成功する．ブラックベルトからの情報をもとにチャンピオンが改革のテーマを選定し，ブラックベルトが率先して改革の手法をグリーンベルトに提示することにより，全従業員の改善活動となっていくのである．

　今まで述べてきたようにシックスシグマは，ボトムアップによるTQC活動と違い，COPQやCTQを活用することにより，チャンピオンやブラックベルトが

トップダウンにより全工場において改革を行なっていくものである．シックスシグマをEMS企業に効果的に導入するためには，チャンピオンやブラックベルトの教育が不可欠である．そしてワークショップ制を用いて，ワークショップ長をブラックベルトに育てあげ，シックスシグマをワークショップの全メンバーにより実施していくことが望まれる．

7.5.3　GE社とソニーのシックスシグマ挑戦

　ここでシックスシグマを導入した，米国エクセレントカンパニーの代表であるゼネラル・エレクトリック（GE）を紹介する．GE社のCEOであるジャック・ウェルチ会長は，米産業界で最も注目される経営者である．

　GE社は，金融サービスやテレビ放送などの純然たるサービス事業の比率は売上高ベースで5割を既に超えているが，これ以外に，ジェットエンジンや医療機器といった従来型の製造業分野でも部品交換や修理，メンテナンスなどのサービス事業を重視している．

　GE社は毎年1月に「イニシアティブ」を決定している．イニシアティブとは，業績伸長の推進力として全社的に取り組むべき最優先の課題を意味する．現在掲げているイニシアティブは，「グローバル化」「サービス化」「シックスシグマ活動による品質管理」および「インターネットビジネスの推進」である．前の2つはかれこれ20年近く優先課題として掲げており，1996年からシックスシグマを，1999年からインターネットを新たに加えた．

　ウェルチ会長は，シックスシグマ運動の研修を幹部登用の条件とすると発表し，シックスシグマのエキスパートにならなければ社内で出世しないという仕組みにしたのである．具体的には，グリーンベルト以上がマネージャーになるための必須資格としている．

　GE社はシックスシグマを1995年秋に導入してから，顧客の意見や視点をもとにプロジェクトチーム方式で迅速な問題解決方法を編み出し，関連会社も含め，全社的に品質改善を進めてきた．GEの関連会社であるGEメディカル・シ

ステムズは，95年から研究開発や製造，営業，アフターサービスなど全社でシックスシグマを導入し，高速CTスキャナーを開発した．世界の医療機器業界は低価格競争の激化で，収益環境が急速に悪化している．シックスシグマにより，コストダウン，売上高増大，シェア向上を図り高収益体質に変貌した．

高速CTスキャナーの開発では，顧客からきめ細かなニーズや要望を吸い上げ，それを製品開発のインプット項目に反映させた．またネットワークにより，設計開発者が顧客ニーズを共有化できる仕組みも導入した．この結果，製品の問題点を早期に解決できるようになり，設計開発リードタイムが大幅に短縮した．

日本のエクセレントカンパニーであるソニーは，シックスシグマに早くから注目し導入を図ってきた．部品や材料を同社に納入する協力メーカー向けにもシックスシグマの導入を推進している．協力メーカーは約500社あり，そのうち約140社が参加している．ソニー製品の価格構成比率で70％，80％を占める協力メーカーから納入される部品や材料のプロセスのクオリティを高めることが，ソニー製品のクオリティを大きく左右することになり，シックスシグマ導入を要請したのである．

現在までに，最高位のチャンピオン資格者を日本人社員の中から100人程度養成している．ソニーはグループでシックスシグマを導入することにより，クオリティ損失コストのセーブ額COPQの削減額を130億円，費用対効果を10倍以上にすることを目標にしている．

7.5.4　品質管理のベストプラクティス戦略

今までEMS企業の品質管理戦略について述べてきた．米国のEMS企業は日本的品質管理を導入して，現在の繁栄を得ることができた．すなわち，1980年頃からデミング賞やマルコム・ボルドリッジ賞に代表されるTQM活動を実施することにより品質管理の向上を実現してきた．一方EMS企業は，ISO 9000品質マネジメントシステムの導入により，SCM構築に向けて継続的改善を行なっている．

また，生産性向上やリードタイム短縮も広義の品質管理ということができ，EMS企業として5Sに取り組み，標準化の推進やコンカレントエンジニアリングに挑戦している．そしてEMS企業は，組織戦略としてワークショップ制を導入することにより生産性向上，コストダウンを図っている．

そして将来にわたるEMS企業の品質管理戦略としての切り札は，シックスシグマであることは間違いない．シックスシグマは，GEなど一部の先進的企業に導入されているが，EMS企業には，ほとんど導入されていない．シックスシグマは高度な品質管理戦略であり，実力のある企業のみが導入可能であるが，EMS企業としてもシックスシグマにチャレンジしていくことにより，競争力のある工場に生まれ変わる必要がある．

また，従来からEMS企業で実施されてきたTQC活動は，生産現場の担当者が実際に起こった不良やエラーを現場サイドでの改善を図ることにより，経営へのボトムアップ効果をねらったものであった．またISO 9000は，経営トップが企業の品質についての方針を定め，品質マネジメントシステムを品質マニュアルの形に文書化し，現場はそのマニュアルどおりに実行し，改善していくトップダウン的な品質管理の方式であった．

シックスシグマとは，ボトムアップとトップダウンをうまく融合した方式で，TQC活動とISO 9000の良いところを取り入れている．EMS企業にとっては，ベストプラクティスとして，この方式を導入し，生み出す製品のエラーやミスの発生率を100万回に3.4回という厳しいレベルに低下させていくことが，将来にわたっての課題となる．

それには，生産現場の改善活動はもとより，マーケティングから研究開発，生産設計，物流，アフターサービスなどサプライチェーンとしての業務プロセスを改善していく必要がある．それにはCOPQやCTQを導入し，顧客メーカーやエンドユーザーの要望を徹底的に分析し，EMS企業内での課題に置き換えて，トップ主導のもとに全員参加で改善活動に取り組んでいくことが肝要となる．

EMS企業としての課題は，品質向上，生産性向上，納期短縮，コストダウンなどがあり，シックスシグマを利用して継続的改善に取り組み，顧客満足度を

向上していくことが,グローバルな EMS 企業の発展につながるに違いない.

注

(1) PDCA : プラン―ドゥ―チェック―アクション
(2) QC 七つ道具:パレート図,特性要因図,ヒストグラム,チェックシート,グラフ(管理図),散布図,層別

参考文献

青木保彦,三田昌弘,安藤 紫『シックスシグマ―品質立国ニッポン復活の経営手法』ダイヤモンド社,1998年.

Deming, W.E., *Out of the Crisis*, MIT Center for Advanced Engineering Study, Cambridge, Mass., 1982.

稲垣公夫『EMS戦略』ダイヤモンド社,2000年.

吉田耕作『国際競争力の再生』日科技連出版社,2000年.

URL

キョウデン: http://www.kyoden.co.jp/
日立製作所: http://www.hitachi.co.jp/
KOA: http://www.koanet.co.jp/
ナカヨ通信機: http://www.nyc.co.jp/
ゼネラル・エレクトリック: http://www.ge.com/
ソニー: http://www.sony.co.jp/

索　引

【英　字】

A & D(Acquisition & Development) 206
BTO　　　　　　　　　　　　　76
Conduit　　　　　　　　　　　136
Contents　　　　　　　　　　　137
COPQ　　　　　　　　　　　　244
CTQ　　　　　　　　　　　　　245
ECR　　　　　　　　　　　　　73
EMC SAV/IT　　　　　　　　　16
EMS(Electronics Manufacturing
　Services)　　　　　　1, 100, 127
Enterprise Manufacturing Service
　　　　　　　　　　　　　　2, 14
ERP　　　　　　　　　　　49, 79
Excellent Manufacturing Strategy
　　　　　　　　　　　　　1, 165
Exhaust Manufacturing Service　14
Experience Industry Theory　　135
FMS(Flexible Manufacturing
　System)　　　　　　　　　　96
GSCF(Global Supply-Chain
　Facilitator)　　　　　　　　105
GMP　　　　　　　　　　　9, 10
GSCF　　　　　　　　　　　　106
International Call Center　　　176
ISO 9000　　　　　　　221, 225
KOA　　　　　　　　　　　　236
M & A　　　　　4, 17, 18, 28, 47
Mag-Net　　　　　　　　　　　74
MRP　　　　　　　　　　49, 79
NPI(New Product Introduction)　104
ODM　　　　　　　　　　　　62

OEM　　　　　　　　12, 91, 117
PCB　　　　　　　　94, 101, 118
RCA　　　　　　　　　　　　　46
SCM(Supply Chain Management) 28,
　29, 66, 103, 104, 111, 115, 117, 168
SMET　　　　　　　　　176, 177
SOHO(Small Office Home Office)
　　　　　　　　　　　　114, 115
TQC(Total Quality Control)　99, 149
TQM(Total Quality Management) 56,
　　　　　　　　　　149, 221, 224
TWX-21　　　　　　　　　　　71
VALS(Value and Lifestyles)　136
VOC　　　　　　　　　　　　245

【ア　行】

ISO 9000 シリーズ(国際品質マネジメ
　ント規格)　　　　　　　　　147
ISO 14000 シリーズ(国際環境マネジ
　メント規格)　　　　　　　　147
アウトソーシング　　　12, 25, 26
　──型ビジネスモデル　　　　63
アセンブラー　　　　　　　　　6
アフターM & A　　　　　　　　3
アライアンス　　　　　　　10, 47
E & E 企業群　　　　　　　　128
EMS 革命　　　　　　　　　　　1
EMS 型ビジネスモデル　　　　65
EMS の生産プロセス　　　　229
EMS の設計プロセス　　　　228
EMCS 戦略　　　　　　　　　　6
e コラボレーション　　　　　　74
依存関係ダイナミックス　　　　46

異文化コミュニケーション	172	逆説的EMS革命	188
インターネット	3	競争優位の源泉	32
Win-Win関係	27, 40	キョウデン	160, 167, 231
内なるバーチャル化	36	クリックアンドモルタル企業	138
AV & C3企業群	129	クロックスピード	17
エクスパティーズ	10	グローバルEMS	5, 8, 13, 165, 166
エクセレント マニュファクチャリング ストラテジー	1, 13, 42	──企業	4
		グローバル型	84
エグゾースト マニュファクチャリング サービス	14, 41	グローバル競争	1
		グローバルスタンダード	8
SCIシステムズ	120	グローバル マニュファクチャリング プロデューサー	9
M & A 戦略	193		
エリア戦略	83	経営戦略	37
エレクトロニクス	1	経営方針プロセス	226
エレクトロニクス マニュファクチャリング サービス	13	経験産業論	135
		KPS活動	236
エンタープライズマニュファクチャリング革命	23	系列	30
		──企業	181
エンタープライズ マニュファクチャリング サービス	1, 13, 41	ケイレツ(系列)モデル	94, 194
		コアコンピタンス	32, 35, 44, 45, 56, 95, 117
応答能力	30		
OEM型ビジネスモデル	62	工場(アセンブル機能)の分社独立化	25
大田区産業情報ネットワーク構想	176	構造改革	30
大田区産業情報ネットワーク協議会	175	コウ・ニシムラ(西村公一)	102
大田ブランド	176	高密度実装技術	167
オーネット	175	5S	230
		国際コールセンター	175
【カ 行】		国内製造業拠点発のグローバル対応体制	168
改善プロセス	227		
階層的分業	40	国内特化型	84
加賀電子	161	コラボレーション	174
カスタマイズ	223	──型EMS	173, 175
──ドコンピュータシステム	107	──型ビジネスモデル	69, 74
価値連鎖(バリューチェーン)	89, 92	──によるバーチャルカンパニー	173
感知能力	30	コンカレントエンジニアリング	149, 223, 233
カンパニー	16		
カンバン方式	99, 117	コンデュイット	136
企業群の集まり(布置)	40	コンテンツ	137

コンピタンス	36	──戦略	44
コンピテンシー	18	垂直的パワー関係	25, 39
【サ 行】		垂直統合	24
		──型ビジネスモデル	64
在庫	28	──モデル	93
サプライ型ビジネスモデル	68, 71	垂直分離	23, 24
サプライチェーン	23, 25, 44, 66	水平的分業	24, 40
──マネジメント	28	水平分業体制	93
産業コミュニティ	181, 182	スピードの経済	28, 29
サン・マイクロシステムズ	102	スマイル曲線	33
サンミナ	124	生産協同組合	174
C & C 企業群	130	生産準備プロセス	226
CTO方式	77	生産プロセス	227
ジェイビル・サーキット	11, 123	製造アウトソーシング	25
ジェームス・オグルビー	136	製造業ソリューション	166
事業コンセプト	37	製造業のサービス業化	40
事業の仕組み(ビジネスモデル)	37	製造プロデューサー	7
資源とスキル	37	世界の母なる工場群	176, 180
資源ベース視覚	32, 34	ゼネラル・エレクトリック	57, 246
市場セグメント	37	セルライン方式	235
市場創造	30	セレスティカ	121
市場ポジショニング	32	全国中小企業インター受発注ネット	
──視覚	32	ワーク	176
シスコシステムズ	102, 206	選択と集中戦略	139
持続的競争優位	31	戦略的パートナーシップ	168
下請企業	181	戦略プロデューサー	81
シックスシグマ	242	組織能力	34, 37
質産質販型	169	ソニー	1, 14, 108, 247
社会的EMS	173, 175	──EMCS AV/IT	1, 140
柔軟な専門化	24	──中新田	108, 139
──体制	185	──ブランド	15
主管事業部制	16	ソリューション	18
状況に埋め込まれた知	47	ソレクトロン	2, 3, 11, 89, 100, 222
少ロット・非価格競争型	170	──型	94
職住接近	186	──ショック	2
職人的技術の伝統	181	**【タ 行】**	
シリコンバレー	102, 107		
深マニュファクチャリング	40	大量生産体制の行き詰まり	185

ダイレクト型ビジネスモデル	69, 76
ダイレクトモデル	97, 99, 112
脱マニュファクチャリング	40
──戦略	1
地域産業集積	186
地域の個性的製品作り請負型のEMS	188
知の変容過程	49
チャンピオン	245
中小企業集積地域	181
中小企業のEMS戦略	165
超・製造業	150
直線的連鎖	40
ディギット	48
テキサスインスツルメンツ（TI）	212
デザイン・ファッション性	171
デマンド型ビジネスモデル	68, 72
デミング賞	224
デミング博士	224
デル・コンピュータ	77, 97, 111
デルモデル	77
ドットコム企業	138
トップダウン	222

【ナ 行】

ナカヨ通信機	237
二重構造	181
ニッチEMS	13, 167
日本型EMS	166
日本工場外資化	143
ネットワーク分業体制	198
ノラン	30

【ハ 行】

バーチャルカンパニー	177
バーチャルコーポレーション	27
バーチャルマニュファクチャリング	3
バーチャルマニュファクチャリングシステム	3
バリューシステム	58
バリューチェーン	59
バリューハブ戦略	44, 45
BTO方式	77
ビジネスモデル	13, 37
ビジョン	37
日立製作所	71, 155
標準化	231
ビルトトゥオーダー（BTO）	115
品質管理戦略	221
品質管理ソリューション	222
ファブレス	28
──化	27
──カンパニー	10
ブラウン	48
ブラックベルト	243
ブラドリィ	30
フレクストロニクス	11, 122
プログラムマネージャー	234
プロセスイノベーション	170
プロセスモデル	226
プロダクトイノベーション	169, 170
プロデューサー	6
──機能	28
プロデュース型ビジネスモデル	82
プロデュース戦略	42, 43
プロフィットゾーン	57
文化性	171
米国型メガEMS	9
ベストプラクティス	4
ポータル型ビジネスモデル	68, 69
ポータルサイト	70
ボトムアップ	222

【マ 行】

マイクロン	212, 215
マスプロダクション	185
マズローの5段階欲求説	136

松下電器産業	16, 150
マツデン・グラフィック	58
マニュファクチャリング	3
マルコム・ボルドリッジ賞	102, 223
ミスミ	70
三菱電機	3
民族的・地域的特性	172
メガEMS	5, 6, 10, 11, 13, 14, 26, 166
モトローラ	212

【ヤ行】

横河電機	162
横河トレーディング（YTR）	167
余剰能力のマネジメント	49

【ラ行】

ラッシュすみだ	183
リインベーター	57
リエンジニアリング	56
リードタイム短縮	229, 232
量産量販型	169
ローカルEMS	13
ローカルプロダクツ	172

【ワ行】

ワークショップ制	234
ワークショップ戦略	234

編・著者紹介

原田　保（はらだ たもつ）

- 1947年　神奈川県に生まれる
- 1971年　早稲田大学政治経済学部卒業
　　　　　株式会社西武百貨店入社
- 1980年　米国シアーズローバック社研修出向
- 1990年　株式会社西武百貨店取締役．企画室長，情報システム部長，商品管理部長，関東地区担当，国際業務担当，業革推進担当などを歴任
- 現　在　香川大学経済学部および大学院経済学研究科教授
　　　　　岡山商科大学および大学院商学研究科客員教授
　　　　　Ph.D.(Business Administration)

著　書

『インターネット時代の電子取引革命』(共著)東洋経済新報社，1996年；『デジタル流通戦略』同友館，1997年；『コラボレーション経営』一世出版，1998年；『コーディネートパワー』白桃書房，1998年；『戦略的パーソナル・マーケィング』白桃書房，1999年；『創造する経営(上・下)』(共編著)日科技連出版社，1999年；『21世紀の経営戦略』(共著)新評論，1999年；『知識社会構築と組織革新関係編集』日科技連出版社，2000年；『スーパーエージェント』(編著)文眞堂，2000年；『戦略財務経営』(共編著)中央経済社，2000年；『図解インターネット・ビジネス2001』(共編著)東洋経済新報社，2000年；『IT時代の先端ビジネスモデル』(編著)同友館，2001年　ほか多数

古賀広志（こが ひろし）

- 1967年　兵庫県に生まれる
- 1995年　神戸商科大学大学院経営学研究科博士課程単位取得退学
　　　　　四国大学情報学部助手，神戸商科大学商経学部助手を経て
- 現　在　流通科学大学情報学部 専任講師

著　書

『サービス経営』(共著)同友館, 1999年；『デジタルストラテジー』(共著)中央経済社, 2000年；『講座ミクロ統計分析 第3巻』(共著)日本評論社, 2000年；『経営学』(共著)税務経理協会, 2000年

山崎　康夫（やまざき　やすお）

- 1957年　富山県に生まれる
- 1979年　早稲田大学理工学部卒業
- 現　　在　中小企業診断士
  - 中小企業診断協会東京支部三多摩支会理事
  - 同支会先端ビジネスモデル研究会代表
  - 平成11年度 通産省「コーディネート活動支援事業」コーディネーター

著　書

『実践 アウトソーシング』(共著)日科技連出版社, 1998年；『実践 コラボレーション経営』(共編著)日科技連出版社, 1999年；『ビジネスモデルづくり入門』中経出版, 2000年；『自治体アウトソーシング戦略』(共著)ぎょうせい, 2000年；『IT時代の先端ビジネスモデル』(共著)同友館, 2001年

山本　尚利（やまもと　ひさとし）

- 1947年　山口県に生まれる
- 1970年　東京大学工学部船舶工学科卒業
  - 石川島播磨重工業株式会社入社. 造船設計, 新造船開発, プラント設計, 新技術開発などを担当
- 1986年　SRIインターナショナル(スタンフォード研究所)東アジア本部. コンサルタントとして企業戦略, 事業戦略, 技術戦略などのコンサルティング
- 2000年　SRIから独立. ISP企画 代表取締役
- 現　　在　SRIアトミック・タンジェリン株式会社 技術経営コンサルタント兼務

著　書

『テクノロジーマネジメント』『中長期技術戦略プランニングガイド』『技術投資評価法』日本能率協会マネジメントセンター；『リエンジニアリング導入・計画マニュアル』『米国ベンチャー成功事例集』アーバンプロデュース社；『日本人が東

アジア人になる日』日本能率協会マネジメントセンター，1995年；『スーパーベンチャー戦略』同友館，1999年

深 山 隆 明（ふかやま たかあき）

- 1961年　富山県生まれ
- 1987年　金沢大学大学院経済学研究科修士課程修了
- 1987年　株式会社西武百貨店入社
  - ロフト渋谷店趣味雑貨部においてセールスプロモーション事業の立ち上げと企画・営業などに従事
- 1994年　株式会社リンク総研入社
  - ビジネスレポート編集室，製造業・メディア調査チーム，事業開発室，外食総研準備室を経て
- 現　在　リサーチグループ第2研究チーム主任研究員
  - 景気動向分析と製造業動向調査などを主に担当．一方社外で，中小企業家同友会専門家部会，同政策委員会メンバーとして活動．NPO型シンクタンク「21政策構想フォーラム」のメンバーとして金融アセスメント制度ほか各種の研究，政策立案に参画

著　書

『月刊エヌ・オー』にて「Dr.深山の景気診断」連載中，ベンチャー・リンク社，1998年～現在；『ビジネスレポート：今後の景気』(四半期別景気動向レポート)，ベンチャー・リンク社，1994年～現在；『月刊ベンチャー・リンク』『月刊エヌ・オー』などで，「ベンチャー・リンク経済白書」など各種の特集記事の執筆を担当

EMSビジネス革命
― グローバル製造企業への戦略シナリオ ―

2001年6月11日　第1刷発行

編　者　原　田　　　保
発行人　小　山　　　薫

検印
省略

発行所　株式会社 日科技連出版社
〒151-0051　東京都渋谷区千駄ケ谷5-4-2
電話　出版 03-5379-1244～5
　　　営業 03-5379-1238～9
振替口座　東京00170-1-7309

印刷・壮光舎印刷
製本・小実製本印刷工場

Printed in Japan

© *Tamotsu Harada* 2001
ISBN 4-8171-6096-9
URL http://www.juse-p.co.jp/